新手下厨房一本就够

[日] 小田真规子 著
洪果 译

中国轻工业出版社

前言

从“了解”下厨开始

升学、赴任、搬迁……每天都有不同的人因为各种理由开始一个人生活。而单身生活，总免不了自己下厨。

每天都亲自下厨也许是强人所难，但适当增加下厨次数，绝对会让你受益匪浅。自己下厨不仅经济、健康，还能够让我们感受到时令的变更，通过亲自动手体会独自生活的乐趣，从而掌握最舒适的生活节奏。

每当想到要一个人买食材、一个人收拾洗碗，你是否会觉得烦躁和麻烦？其实这在很大程度上是由于你的潜意识中认为自己不了解的东西太多了。这里要强调的是，我们首先要学习的并不是具体哪道菜的做法。

我们首先要“了解”做饭：要知道哪些食材是自己的“好伙伴”、哪些调料最好用、哪些工具最合适，以及为什么这么说。只要找到这些问题的答案，自己下厨就能成为一件再轻松不过的美差了。除此之外，了解料理的逻辑和原理也非常重要。煎和炒有什么区别？煮东西时怎样控制火候？这些问题的答案就要在逻辑和原理中寻找。

了解了这几点之后，我们就有了自己下厨的底气。当你逐渐在做饭的过程中感受到快乐时，自己下厨已经自然而然地融入你的生活。

小田真规子

目录

第1章 鸡蛋宝典

第2章 食材宝典

第3章 技巧宝典

第 4 章 电饭锅宝典

专栏

新手下厨好处多

自己下厨既能省钱又能增添生活情趣，它不仅能让人获得自信，还可以让身心更加健康。没有基础也无妨，我们一起来迈出第一步吧。

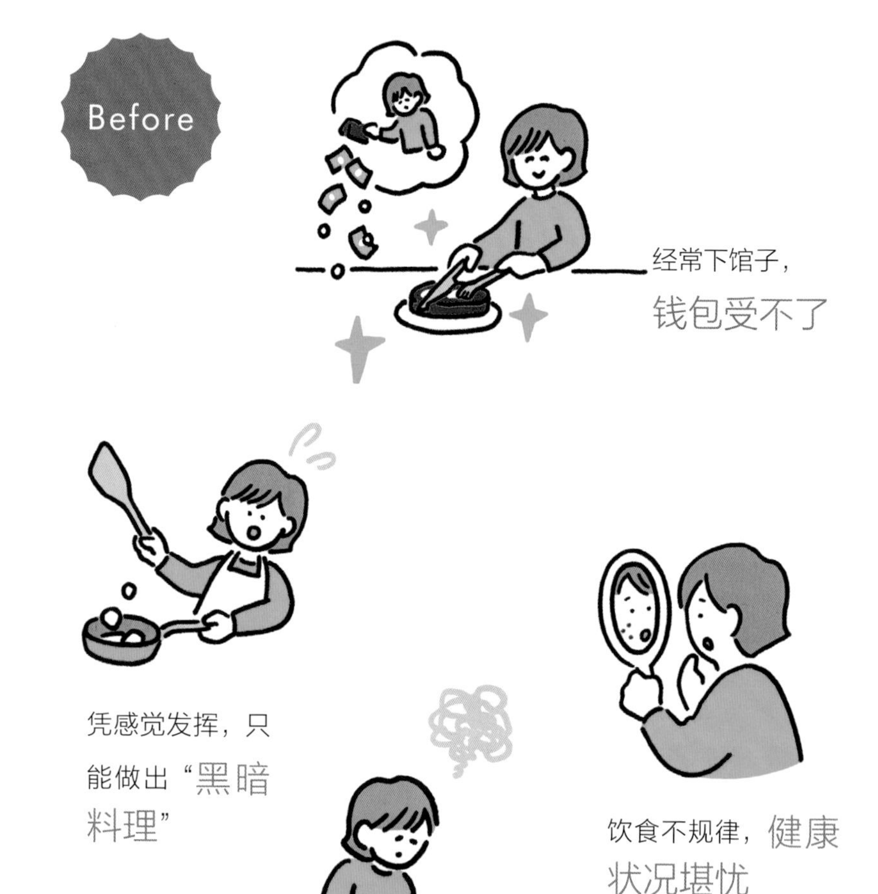

节省开支与享受美食共存

想要省钱过日子，却不想放弃最爱的美食，自己下厨就能实现你的这个美梦。自己做饭的一大优点就是可以用最实惠的价格享受最新鲜的食材。走上自己下厨这条路，钱包和肚皮都变美啦。

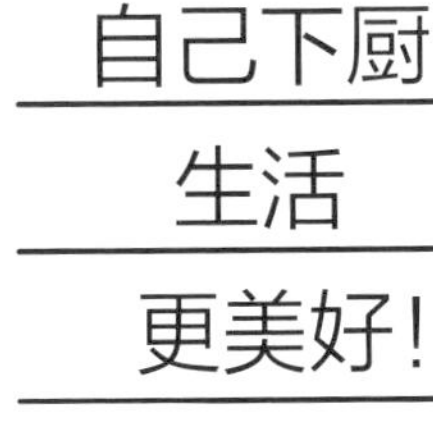

自己下厨生活更美好！

大大改善身心健康

做饭技术的提升会让你收获满满的自信，你甚至会开始思考，接下来要让谁来尝尝自己的手艺呢？发自内心的自信和他人的称赞会让你的身心健康都获得极大改善。

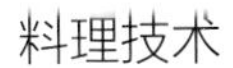

料理技术突飞猛进

为了降低失败率，本书不仅介绍了具体料理的做法，还会告诉大家许多与食材相关的知识，以及高效掌握烹饪技术的诀窍。让我们先严格执行书中的烹饪方法，快速提高自己的料理技术吧！

工具 1

厨具宝典 本书使用

本书所使用的厨具介绍。准备厨具有一定讲究，让我们先一起为下厨打造最棒的设备环境吧。

【大汤勺】

制作汤类菜肴的必备工具，也可以用作计量工具。常见的有硅胶勺和不锈钢勺，可以按照个人喜好选择。

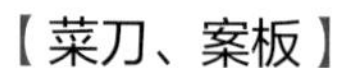

【平底锅】

小号平底锅（直径20cm）最适合制作一人份料理。制作二人份及以上的料理建议使用大号平底锅（直径26cm）。

【菜刀、案板】

建议初学者使用刀刃长度为18~20cm的西餐刀，尤其推荐使用刀刃和刀把一体式的钢制菜刀。案板推荐选用A4尺寸以上、厚度超过1.5cm的，塑料案板虽然方便打理，但木制案板手感更佳。

【饭铲】

用来盛饭和翻松做好的米饭，木制和塑料的都可以。

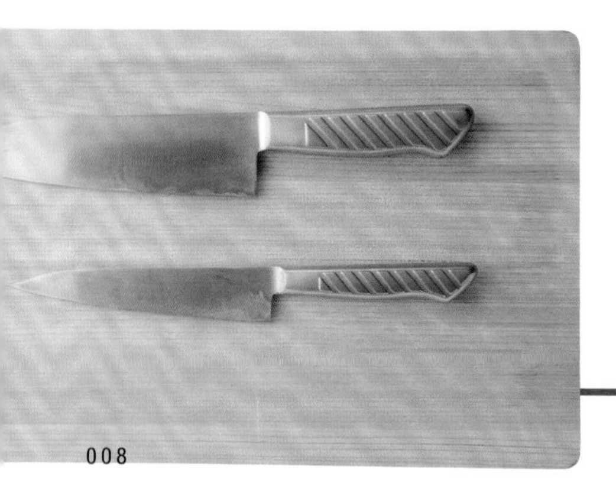

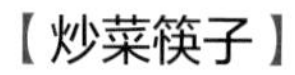

【炒菜筷子】

长度为30~35cm的炒菜专用筷子。较长的炒菜筷子可以防止油溅出后烫伤。此外还可以用来装盘。

【汤锅】

两侧有把手的大号汤锅（直径20cm）适合用来制作咖喱和土豆烧肉。单柄小号汤锅（直径16cm）适合制作一人份味噌汤和汤汁较少的烩菜。

【量杯】

用来计量液体。需要注意，从不同角度看量杯刻度，可能会有所差异。建议使用透明量杯。

【过滤盆】

用来过滤面条和蔬菜中的水分。有把手的过滤盆可以防止烫伤，还可以用来暂时存放切好的食材。

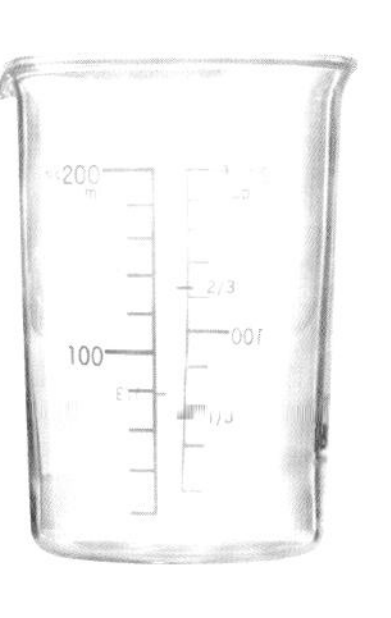

【量勺】

有大勺（15ml）和小勺（5ml）两种。精确的分量控制是做出美味食物的诀窍。同时，使用量勺还能培养我们对分量的概念。

【托盘】

用于裹面衣、冷藏和腌制肉类等步骤。根据食材的不同选用大、中、小不同尺寸的托盘。

【深碗】

大号深碗（直径约24cm）可以用来洗菜，小号深碗（直径约18cm）可以用来调制调味料，中号深碗（直径约21cm）用途更加广泛。建议各备1个。

工具❷

辅助厨具宝典

更轻松地做出美味料理！
这些是厨房新手的最强拍档。

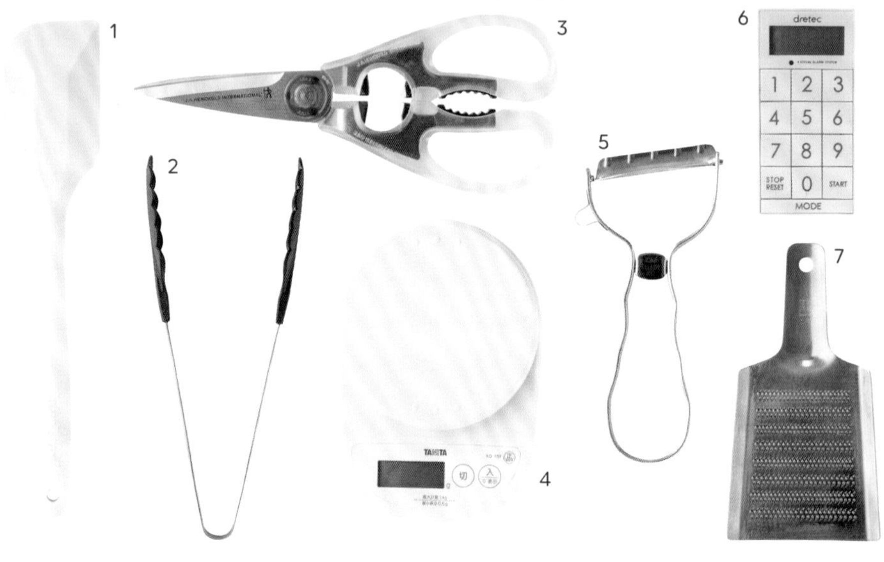

【1. 刮刀】

软刮刀和木制刮刀不会刮伤厨具。软刮刀建议选择耐热性好且软硬适中的硅胶刮刀。

【2. 夹子】

用于翻拌意大利面和给肉排翻面。前端为橡胶的夹子不会夹散鱼肉等较柔软的食材。

【3. 厨用剪刀】

不仅可以用来处理葱和绿叶菜，还可以处理鸡翅等食材。

【4. 电子秤】

用来计量食材分量。有精确到个位、精确到小数点后1位和精确到小数点后2位等种类的电子秤。

【5. 削皮刀】

不仅可以用来削皮，还可以刮圆白菜等细丝。注意选用刀刃锋利的削皮刀。

【6. 计时器】

用来正确掌控料理时间。建议选用一键式计时器。

【7. 研磨器】

用于研磨萝卜、姜等食材。有金属制和塑料制研磨器。

常备消耗品清单

- 保鲜膜
- 锡纸
- 厨房纸巾
- 抹布
- 清洗食材专用刷子、海绵
- 洗洁精

测量

精准的分量让美味成真

精确的分量控制能让菜肴味道产生质的飞跃。
一起来学习如何测量菜谱中的分量吧。

用手指

用拇指、食指、中指这3根手指夹起的量大约是1/10小勺，也就是菜谱中说的“1撮”。用拇指和食指这2根手指夹起的量大约是1/20小勺，这就是菜谱中说的“少许”。

用量杯

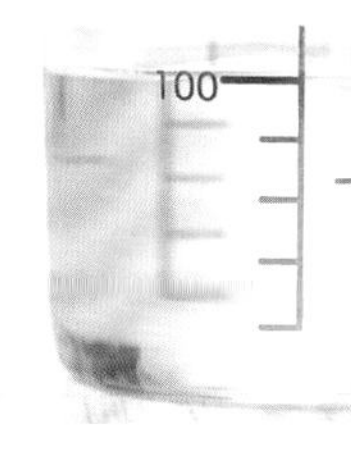

视线与刻度线保持水平，刻度线与水位线平齐时即可量出正确的分量。用量杯测量面粉等食材时，要轻轻在桌上撞击量杯底部，保证表面水平。

用电子秤

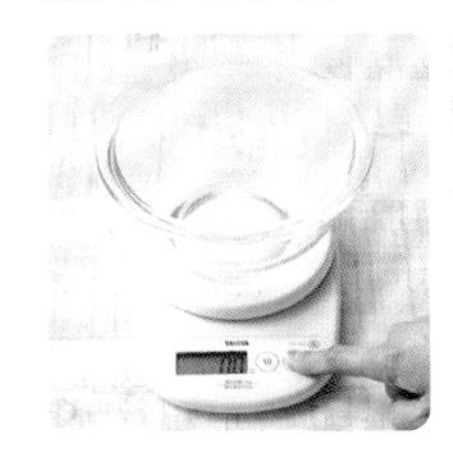

先放上空碗，按下归零键，接着即可在碗中加入材料，测量重量。

用量勺

【粉末】

先舀满满1勺，然后用勺柄等平直的物体沿着上方边缘刮平，去除多余部分。

【液体】

直接从容器中舀出满满1勺，液体表面会因张力而略高于量勺边缘。

【酱类】

从管中直接挤到量勺中进行测量。如不小心挤多了，刮平即可。

如何测量“1/2勺”？

【粉末】用别的勺子从量勺中央刮掉1/2粉末。
【液体】深度为量勺的2/3即可。

调味料 ❶

主要调味料宝典

本书不会使用特殊的香辛料和调味汤底。让我们一起用市面上最普通的调味料轻松做出美味料理吧！

基础调味料

【盐】

盐可以激发出食材本身的味道，是基础调味料。浓度在0.7%～1.2%时菜肴的咸淡最佳。精制盐最适合用来控制咸淡味。

● 基础调味料

加入食材后成为料理底味的调味料。

● 方便调味料

放入粗加工的食材中调整味道，用途非常广泛。

基础调味料

【胡椒】

略带辛辣味的香辛料，可以去除食材的腥味。其品种有黑胡椒、白胡椒之分，二者按比例调和而成的胡椒粉非常好用，十分推荐。

基础调味料

【味醂】

用大米制成的调味料，利用大米中的糖分和酒精为菜肴增添甜味与鲜味。此外，味醂还可以防止鱼被煮散、去除鱼腥以及增添色泽。

基础调味料

【白砂糖】

不仅可以增加甜味，还可以用来中和酸味和辣味。推荐初学者选用绵白糖。

基础调味料

【味噌】

以大豆、大米和大麦为原料的日本传统发酵食品。营养丰富，味道鲜美醇厚，不仅可以用来制作味噌汤，还可以活用在煮鱼和炒肉等料理中。

基础调味料

【酱油】

酱油不仅可以用来调底味和上色，还可以提香、去腥，是不可或缺的万能调味料。酱油还可以调整菜品味道，在西式菜品中加入几滴酱油，可以让味道更加柔和。

基础调味料

【醋】

分为米醋和谷物醋，初学者推荐使用谷物醋。除了增添酸味之外用途广泛。

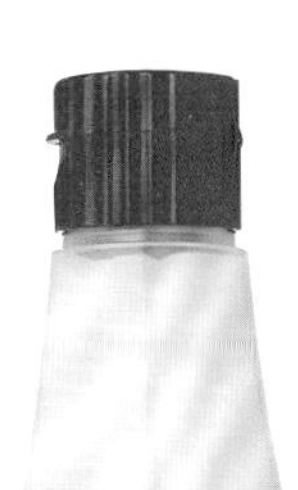

方便调味料

【蛋黄酱】

油、醋和鸡蛋混合而成的调味料。不仅可以用来制作沙拉，还可以用于炒菜和炒肉。蛋黄酱中含有油脂，可以让食材更鲜香。

方便调味料

【番茄酱】

番茄的酸甜味道与许多食材搭配都很合适，因此广泛应用于炒菜、烩煮料理和调制酱汁中。在底味中加入番茄酱可以产生奇妙的反应，为料理增添亮点。

方便调味料

【烤肉酱】

烤肉酱不仅可以用作烤肉蘸料，还可以与色拉油混合制成沙拉调味汁，还能加在焖饭中增添风味。烤肉酱中含有蒜等调味蔬菜，可为料理增添鲜香味道。

调味料 ②

辅助调味料宝典

超方便

只需少许即可让菜肴回味无穷的辅助调味料。无须加工即可使用，省时又省力。

【山葵】

不仅是刺身的固定搭档，还可以加在荞麦面的蘸料中，或与蛋黄酱一起调制酱汁。

【芥末】

常见的调味料。辛辣的味道能给菜肴增添亮色。

【蒜泥】

无须自己动手剥皮、切末，即取即用，能够给炒菜增添点睛之笔。

【姜泥】

无须自己动手削皮、切末，即取即用，能够去除腥味、增添香气。

【调味辣椒粉】

由辣椒粉及7种香辛料调配而成的日式调味料。

【咖喱粉】

不仅能用来制作咖喱饭，还可以在制作咖喱风味菜肴时调味。

【芝士粉】

粉末状的芝士。加在蔬菜和肉类菜肴中可以让味道更浓郁。

【粗粒芥末酱】

以芥菜种子为原料制成的酱。辛辣且酸爽的味道与肉类料理搭配很合适。

正确的切菜姿势

就是体育运动中所谓的标准姿势。这是安全高效下厨房的一大精髓所在。

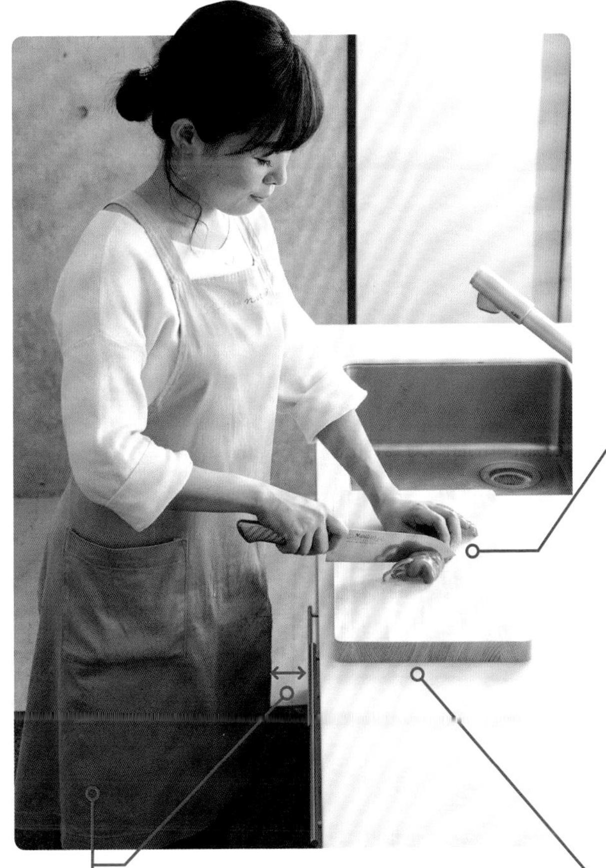

Point 1

轻轻按压住食材

怎样拿住食材是切菜的重点之一。轻轻压住食材，一边切，一边把手向后移动。

Point 2

案板下面垫湿抹布

切菜时案板不稳可能会导致受伤。把湿抹布或湿厨房纸巾垫在案板下面，可以让案板更稳定。

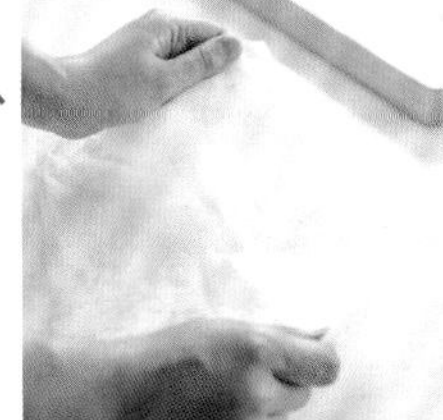

Point 3

侧身45°站立

身体与料理台之间保持一拳距离，惯用手一侧的脚后退一步，侧身45°站立。

切法②

基本的切菜方法

本书使用

切法不同，食材的口感也会有所不同。为了精确控制火候，处理不同食材时通常会选择不同的切法。

【不规则切】

将外形不规则的蔬菜切成边长4cm左右的小块。用圆白菜和小松菜制作料理时常选用这种切法。

【切小薄片】

将葱和黄瓜等细长的蔬菜横放在案板上，从上方垂直切下。横截面大小基本相同，但根据用途会有差异。这里我们将蔬菜切成厚约2mm的薄片。

【切半圆片】

可以把切成圆片的蔬菜从中间平均切成两半，也可以先把长条形的蔬菜纵向切成两半，然后切面朝下，切成厚0.5~2cm的半圆片。

【切圆片】

将白萝卜、胡萝卜等粗圆柱形的蔬菜切成横截面为圆形的片。从两端开始垂直切下，厚度根据料理会有调整。

【切薄片】

将洋葱等圆形蔬菜先平均切成两半，然后切面朝下放置，再切成厚2mm左右的薄片。顺着纤维纹理切和垂直纤维纹理切会改变食材的口感和味道。

【切小丁】

将食材切成小正方体。先切成较厚的圆片，切面向上，横竖切成边长与厚度大致相同的方块。边长约为1cm的小块称为骰子块。

【切十字片】

将半圆片再分别平均切成两半，也可以将胡萝卜等细长的蔬菜先纵向十字切开，再把切面朝下切成片，厚度根据具体料理而定。

POINT

【不要着急，慢慢切】

不要想着快点儿切完，要小心仔细地慢慢切。时刻注意保持切出的食材厚度、大小一致。推荐用白萝卜和胡萝卜来练习。

【切丝（根茎类）】

胡萝卜等根茎类蔬菜切丝时，要先把食材切成长5cm左右的段，然后再纵向切成厚2mm左右的长方形片，最后把几片叠在一起，切成粗2mm左右的丝。

【切丝（圆白菜）】

将圆白菜切成粗1mm左右的丝。撕下几片叶子，切掉菜心后将叶子卷在一起，然后切丝。也可以把切成木梳块的食材直接切成丝。垂直叶脉切可以让食材口感更加柔和。

【切小条】

顺着纤维方向，将切成薄片的蔬菜纵向切成2～4mm粗的小条。斜切薄片后再切小条的切法称为脍切。

【切木梳块】

将球形蔬菜按放射状切开。先把球形蔬菜平均切成两半，切面向下，再次平均切成两半，根据具体情况最终可切分成四分之一、八分之一的大小。

【切滚刀块】

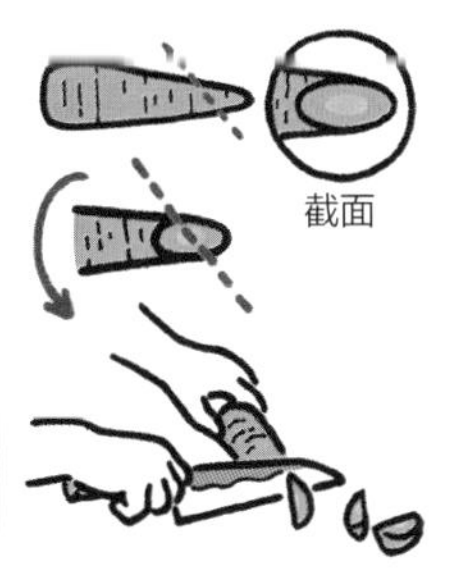

一边旋转食材一边切成大小均匀的块。用这种切法处理过的食材切面面积大，更容易被炒熟。白萝卜等较大的食材建议先纵向切成2等份或4等份后再切成滚刀块。

【切末】

将食材切成2～4mm粗的小条后旋转90°，继续切成2～4mm见方的末。可以先在食材上横竖切出格纹（注意不要把食材切断），然后再纵向切散。

本书使用说明

【菜谱中的标记】

计量单位中大勺=15ml、小勺=5ml、1杯=200ml。书中标注的食材重量全部都是去皮、去心后的净重。

【关于分量】

本书使用的基本为1人份的用量，部分菜谱标记了“适当分量”或“2人份”用量。

【关于火候和加热时间】

下图分别表示小火、中火、大火和余温。

另外，明火灶台加热更快，用电磁炉加热可能需要花费更长时间。例如菜谱中标注“加热10~12分钟”时，建议明火灶台加热10分钟，电磁炉加热12分钟。此外，根据气温、蔬菜种类、食材是否冷藏等不同条件，火候会有一定差异。

【关于微波炉】

本书中的微波炉加热时间为功率600W时的加热时间。请先确认自家微波炉的功率，如功率为500W，加热时间为标准时间的1.2倍，功率为700W的微波炉，加热时间为标准时间的0.8倍。

【关于保质期】

书中标注的保质期仅供参考。请注意，根据食材新鲜度、保存状况以及冰箱性能的不同，保质期可能与书中标注存在差异。另外，请使用干净的厨具和保存容器。

第1章 鸡蛋宝典

鸡蛋经济实惠且易于保存，仅需简单加工即可做成佳肴，是厨房新手的最佳拍档。但同时，无法精确控制火候、制作鸡蛋卷时无法完美地卷起鸡蛋等难点也困扰着不少厨房新手。

让我们一起翻开绝对不会失败的“鸡蛋宝典”吧！

鸡蛋宝典 1

了解鸡蛋

乍一看平凡无奇，鸡蛋实则有很多并不广为人知的性质和特征。弄清这些能够帮助我们更好地使用它。作为万能食材，鸡蛋的用途可是非常广泛的。

蛋黄

营养丰富，能够提供人体必需的氨基酸。

浓蛋清

蛋黄周围有弹性的蛋清，有防止鸡蛋腐坏的作用。

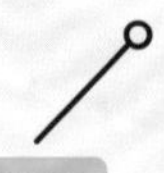

稀蛋清

像水一样质地的蛋清，有保护蛋黄和浓蛋清的缓冲作用。

新鲜程度不同的鸡蛋的使用方法

鸡蛋放置一段时间后，空气中的二氧化碳会进入鸡蛋，蛋清会失去弹性，变成水一样的液体。这样的鸡蛋更容易打散并打发出细密的泡沫，因此适合制作鸡蛋羹和烩蛋。新鲜的鸡蛋蛋黄浑圆有弹性，适合做成荷包蛋或水煮蛋。

【新鲜鸡蛋适合制作的料理】

蛋卷

荷包蛋

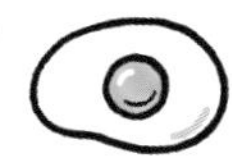

日式炒蛋

水煮蛋

【放置一段时间后的鸡蛋适合制作的料理】

烩蛋

鸡蛋羹

“短时间加热”是成功的秘诀

蛋黄和蛋清凝固的温度有所不同，蛋黄在温度为65～70℃时凝固，蛋清则在60～80℃时凝固。温度超过80℃时鸡蛋味道会变差，因此制作鸡蛋料理时一定要注意短时间加热。

要在平面敲开鸡蛋

在平面上敲打鸡蛋可以防止蛋黄破裂，也可以防止破碎的蛋壳进入鸡蛋内部。将拇指放在裂口处，向两边打开鸡蛋。

鸡蛋的保质期

鸡蛋的保质期夏季在16天左右，春秋季在25天左右，冬季在57天左右。鸡蛋在10℃以下的环境中可以保存相当长的时间，因此，最好将鸡蛋保存在冰箱冷藏室中。

鸡蛋的美味秘诀

调味料与油的使用

鸡蛋料理可以大致分为“口感扎实”和“蓬松轻盈”两种类型。知道哪些调味料适合与鸡蛋一起使用，会让你更加得心应手！

“口感扎实”的鸡蛋料理

荷包蛋和水煮蛋等口感扎实的鸡蛋料理适合与盐和醋搭配。在荷包蛋的蛋清上撒盐可以让蛋清更快凝固。煮鸡蛋时加入醋或盐，即使蛋壳破裂，蛋清也会立刻凝固，不容易散入锅中。

荷包蛋加盐

盐可以排出食材中的水分并让蛋白质凝固，经常用于提前腌制肉类和蔬菜。制作荷包蛋时，把鸡蛋打入锅中后，在蛋清部分撒盐可以让蛋清更快凝固。

水煮蛋加醋

煮鸡蛋时，在沸水中加醋（或盐）后再放入鸡蛋。这样一来，即使蛋壳产生裂缝，蛋清也会立刻凝固，不容易散入锅中。

“蓬松轻盈”的鸡蛋料理

想要鸡蛋呈现出松软、半熟的状态，打鸡蛋时就不能过度搅拌。蛋黄和蛋清完全混合后，蛋液会难以凝固，也不容易产生蓬松的口感。建议使用筷子简单搅拌即可。将蛋清和蛋黄混合后用筷子挑起蛋液，挑断蛋清。

日式炒蛋加 乳制品

制作日式炒蛋时加入黄油或牛奶等乳制品，可以让蛋液受热更加温和且均匀。另外，打鸡蛋时把蛋清挑断，可以让蛋液更加顺滑，这样做出的炒蛋口感更松软。

蛋卷加 白砂糖

白砂糖不仅可以增加甜味，还有保湿、锁水的效果，可以有效防止鸡蛋中的蛋白质凝固。加入白砂糖可以让蛋液受热更加温和且均匀，口感也会更顺滑。这样制作出的蛋卷放凉后口感依旧柔软顺滑，十分适合放在便当里。

烩蛋加充足 水分

制作烩蛋时要保证水分充足，这样一来，加热过程中蛋液会浮在上方慢慢凝固，产生蓬松的口感。注意打鸡蛋时要把蛋清打散，而且火候要自始至终保持一致，这两点是产生蓬松口感的秘诀。

鸡蛋宝典 2

水煮蛋

水煮蛋不仅可以直接食用，还可以压碎后做成酱料。制作水煮蛋的时间可以根据自己的喜好调节，温泉蛋的制作时间为 6 分钟，半熟蛋为 8 分钟，全熟蛋为 10 分钟。

6 分钟 | 温泉蛋

8 分钟 | 半熟蛋

10 分钟 | 全熟蛋

材料（1 人份）

- 鸡蛋…3 个
- 盐…1 小勺（或醋 1 小勺）
- 水…5 杯

※ 鸡蛋要提前从冰箱拿出，静置 20 分钟左右回温，或浸泡在温水中回温。

放入鸡蛋

小锅（直径16cm）中加水，用中火烧至沸腾后加盐。用大汤勺逐个下入鸡蛋。

POINT

【一定要使用常温鸡蛋】冷藏的鸡蛋放入沸水中容易破裂。建议提前把鸡蛋从冰箱取出，静置20~30分钟，恢复至室温，或者在温水中浸泡3分钟，回温。

【水烧开后再放入鸡蛋】水烧开后再放入鸡蛋能够更方便地控制鸡蛋的软硬度。

煮鸡蛋

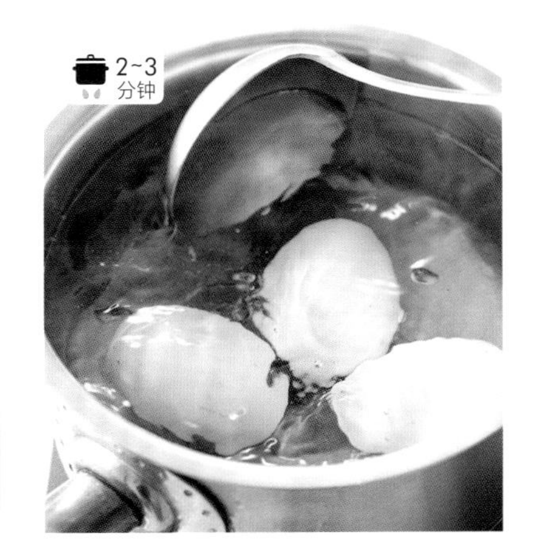

用大汤勺轻轻搅动，煮两三分钟。

POINT

【轻轻搅动鸡蛋】用大汤勺轻轻搅动鸡蛋，这样可以保证蛋黄在鸡蛋中央。

冷却

到了预定的时间（6、8或10分钟）后，捞出鸡蛋，浸入冷水，或用流水持续冲洗，待鸡蛋充分冷却后剥壳。

POINT

【在合适的时间捞出鸡蛋】6分钟能煮出蛋黄呈液态的温泉蛋，8分钟能煮出软硬适中的半熟蛋，10分钟能煮出蛋黄全部凝固的全熟蛋。

【立刻冷却】捞出鸡蛋后立刻冷却，能够帮助我们更轻松地剥掉蛋壳。鸡蛋充分冷却后不用马上剥壳，可以等到要用时再剥。

塔塔酱

用煮 10 分钟的水煮蛋可以轻松做出看似很难制作的塔塔酱。

材料（1 人份）

- 水煮蛋（煮 10 分钟）…1 个
- 切末的洋葱…1/10 个（10 ~ 20g）
- A
  - 蛋黄酱…2 大勺
  - 粗粒芥末酱…1/2 小勺
  - 盐、胡椒粉…各少许

※ 请事先准备好厨房纸巾和深碗。

做法

1 制作水煮蛋（参考 P25）。鸡蛋煮 10 分钟后用大汤勺捞出，放入冷水中或用流水充分冷却后剥壳。

2 将剥好的鸡蛋放在厨房纸巾上，先切成 8mm 厚的片，再切成 8mm 左右见方的小丁。

3 将切丁的水煮蛋放入深碗中，加入材料 A 和洋葱末，混合均匀。

腌鸡蛋（盐味、酱油味）

用煮 6 分钟的水煮蛋可以做出充分入味的腌鸡蛋。

材料（1 人份）

- 水煮蛋（煮 6 分钟）…3 个

[盐味]
- A
  - 盐、白砂糖…各 1 小勺
  - 水…2/3 杯

[酱油味]
- B
  - 酱油…2 大勺
  - 白砂糖…1 大勺
  - 水…1/2 杯

※ 请事先准备好食品袋。

做法

1 制作水煮蛋（参考 P25）。鸡蛋煮 6 分钟后用大汤勺捞出，放入冷水中或用流水充分冷却后剥壳。

2 在食品袋中加入 A 或 B 中的材料并充分搅拌，再放入剥好的鸡蛋。密封好袋口，在冰箱中冷藏半天以上。

鸡蛋三明治

用半熟的水煮蛋可以做出诱人的鸡蛋三明治。用充分冷却的鸡蛋制作，做好后先放入冰箱冷藏半小时左右，可以让三明治更好切且不易散。

材料（1人份）

- 水煮蛋（煮8分钟）…3个
- 三明治面包片…4片
- A
  - 蛋黄酱…3大勺
  - 白砂糖…1/2小勺
  - 盐…少许

※ 请事先准备好厨房纸巾和深碗。

做法

1 制作水煮蛋（参考P25）。鸡蛋煮8分钟后用大汤勺捞出，放入冷水中或用流水充分冷却后剥壳。

2 将剥好的鸡蛋放在厨房纸巾上，先切成8mm厚的片，再切成8mm左右见方的小丁，放入深碗中。加入材料A，混合均匀。

3 在面包片中央加入1/2步骤2的材料，盖上另一片面包，轻轻按压，让夹层均匀分布。用同样的方法再做一组三明治。用保鲜膜包好，放入冰箱冷藏30分钟。

4 从冰箱中取出三明治，连保鲜膜一起切开（每切一下都要把刀刃擦干净）。

鸡蛋宝典 3

煎蛋

仅用鸡蛋一种食材就能完成的煎蛋可以与面包或米饭完美搭配。用较多的油可以煎出口感香脆的煎蛋，用水汽蒸则可以做出口感蓬松的煎蛋。

材料（1 人份）

- 鸡蛋…1 个
- 盐…少许
- 色拉油…1 小勺

※ 请事先准备好湿抹布和炒菜铲。

放入鸡蛋

在小号平底锅中加入色拉油并摊开，中火加热1分钟左右。先将鸡蛋打入其他容器，再从容器中把鸡蛋轻轻倒在平底锅中央。

POINT

【短时间预热】平底锅预热时间不能太长，油不要加太多。

【鸡蛋不要直接打入锅中】不要直接把鸡蛋打进锅里，要先把鸡蛋打在其他容器里，再把鸡蛋轻轻倒入锅中。这样可以防止打入鸡蛋时蛋黄破裂。

煎鸡蛋

煎制30～40秒，蛋清像图中一样变白后，将平底锅放在湿抹布上静置20～30秒，在蛋清上撒盐。

POINT

【利用余温】将平底锅放在湿抹布上可以降低温度，让蛋清和蛋黄受热更均匀，防止鸡蛋煎老。

【在蛋清上撒盐】在蛋清上撒盐能让蛋清部分更易凝固。

再次调中火，煎2分钟左右。

POINT

【如果失败了就对折一下】如果不小心把蛋黄弄破了，只要把鸡蛋对折一下，包住蛋黄即可。

培根香脆煎蛋

经典的培根煎蛋。在基础做法上增加油的用量，让煎蛋口感更酥脆。

材料（1人份）

- 鸡蛋…1个
- 盐…少许
- 色拉油…1大勺
- 培根…2片

※请事先准备好炒菜铲和厨房纸巾。

做法

1 在小号平底锅中码放培根，中火煎制。培根四周开始收缩时翻面，继续煎1分钟后盛出，备用。

2 用厨房纸巾擦干平底锅，倒入色拉油，中火加热2分钟左右。将打在容器中的鸡蛋轻轻倒在平底锅中央。

3 在蛋清上撒盐，继续用中火煎三四分钟，至蛋清四周变金黄色并变脆。最后把煎蛋盛出，放在培根上。

生菜蓬蓬蛋

煎蛋时在锅中加水，盖上锅盖，用水汽蒸熟鸡蛋，蛋黄会更加松软。

材料（1人份）

- 鸡蛋…1个
- 盐、胡椒粉…各少许
- 色拉油…1小勺
- 水…1大勺
- 生菜叶…约3片
- 酱油（或酱汁）…适量

※ 请事先准备好平底锅锅盖和炒菜铲。

做法

1 在小号平底锅中加入色拉油并摊开，中火加热约1分钟。将打在容器中的鸡蛋轻轻倒在平底锅中央。

2 中火煎制30～40秒，蛋清开始凝固时在上面撒盐。锅中加水，盖上锅盖，继续用中火加热60～90秒，至蛋黄部分变白。

3 在盘中铺好生菜叶，将步骤2中做好的煎蛋放在上面，撒胡椒粉，根据喜好淋酱油或酱汁。

鸡蛋宝典 4

日式炒蛋

日式炒蛋看似简单，却很少有人能把它做出惊艳的感觉。只要掌握好火候，你也能做出口感顺滑蓬松的日式炒蛋。

材料（1人份）

- 鸡蛋…2个
- A
  - 牛奶…1大勺
  - 盐、胡椒粉…各少许
- 黄油（尽量用冷藏黄油）…10g

※ 请事先准备好硅胶刮刀和湿抹布。

打鸡蛋

将鸡蛋打入深碗中，用筷子搅打30次左右，把鸡蛋打散。在蛋液里加入材料A，混合均匀。

POINT

【筷子尖抵住碗】这样可以防止空气进入蛋液，让蛋液更加容易凝固。

【挑断蛋清】将鸡蛋打散后用筷子多次挑起蛋液，挑断蛋清。这样可以让蛋液更加顺滑，口感更好。

倒入蛋液

中火加热小号平底锅约2分钟，加入黄油。黄油半化开时，从高处倒入蛋液。

POINT

【在黄油完全化开前倒入蛋液】没有完全化开的黄油可以让平底锅保持一定温度，使蛋液受热更均匀。

加热

继续用中火加热10～15秒。蛋液四周凝固后，用硅胶刮刀快速从四周向中间翻炒5下。

关火，将平底锅放到湿抹布上，继续翻炒四五下，用余温加热。

POINT

【用余温调节鸡蛋成熟度】鸡蛋十分容易炒熟，一直在明火上操作很容易把鸡蛋炒老。要在蛋液未完全凝固时就关火并转移平底锅，用湿抹布来降低平底锅的温度，以便更好掌控鸡蛋的成熟度。

开怀欧姆蛋

卖相非常可爱的欧姆蛋，烹饪方法十分简单，绝对不会失败！

材料（1人份）

- 鸡蛋…2个
- 圣女果…4颗
- A
  - 牛奶…1大勺
  - 盐、胡椒粉…各少许
- 黄油（尽量用冷藏黄油）…10g
- 香芹（干或鲜）…适量

※ 请事先准备好硅胶刮刀和湿抹布。

做法

1 圣女果去蒂后横切成两半。

2 将鸡蛋打入深碗中，筷子尖抵住碗，搅打30下左右，把鸡蛋打散。在蛋液里加入材料A，混合均匀。

3 中火预热小号平底锅一两分钟，放入黄油。黄油半化开后从高处倒入蛋液。

4 继续中火加热10～15秒。蛋液四周凝固后，用硅胶刮刀快速从四周向中央翻炒5下。

5 调整欧姆蛋形状，放上圣女果。盖上盖子再加热30秒左右，关火。装盘，撒上香芹。

芝士炒蛋

加入芝士的炒蛋口感更有弹性，芝士微咸醇香，让炒蛋的味道进一步升华。

材料（1人份）

- 鸡蛋…2个
- A
  - 牛奶…1大勺
  - 盐、胡椒粉…各少许
- 混合芝士…20g
- 黄油（尽量用冷藏黄油）…10g

※ 请事先准备好硅胶刮刀和湿抹布。

做法

1 将鸡蛋打入深碗中，筷子尖抵住碗，搅打30下左右，把鸡蛋打散。在蛋液里加入材料A，混合均匀。

2 中火预热小号平底锅一两分钟，放入黄油。黄油半化开后从高处倒入蛋液。

3 撒入混合芝士，继续中火加热10 ~ 15秒。蛋液四周凝固后，用硅胶刮刀快速从四周向中央翻炒5下。

4 关火，将平底锅移到湿抹布上，继续翻炒四五下，用余温调节炒蛋的成熟度。

鸡蛋宝典 5

烩蛋

制作味道鲜美的烩蛋，一定要用小号平底锅一气呵成做完。烹饪过程中加入足量水分可以稳定锅内温度，还可以让蛋液浮在上方慢慢凝固，产生蓬松的口感。

材料（1人份）

- 鸡肉（小块）…50g
- 洋葱…50g（1/4 个）
- A
  - 水…1/2 杯
  - 酱油…1 大勺
  - 味醂…2 大勺
- 鸡蛋…2 个
- 花椒粉（根据个人喜好）…少许

※ 请事先准备好筷子和大汤勺。

事先准备

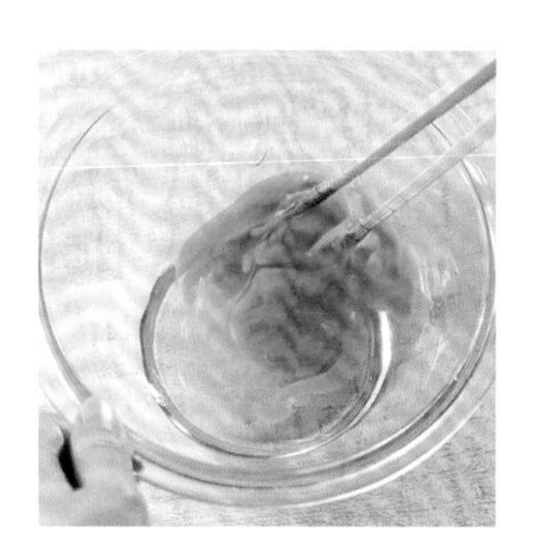

洋葱切成宽 3mm 左右的薄片。将鸡蛋打入深碗中，用筷子划破蛋黄，筷子尖抵住碗，轻轻搅打 15 ~ 20 下（即使蛋液未充分混合也没有关系）。

POINT

【挑断蛋清】打散鸡蛋后用筷子多次挑起蛋液，挑断蛋清。这样可以让蛋液更加顺滑，口感更好。

加入食材

向小号平底锅里加入材料 A，中火加热 1 分钟左右。加入鸡肉和洋葱后继续加热两三分钟，其间用筷子上下翻炒食材。

POINT

【烹煮调味料】经过烹煮，味醂中的酒精成分会挥发掉，只留下醇厚的甘甜味道。

制作烩蛋

用大汤勺加入 1/2 蛋液，注意要从中心旋转着向外倒入。中火加热 30 秒。

POINT

【蛋液要从中心向外旋转倒入】平底锅外侧的温度比中心要高，因此如果从外部向内倒入蛋液，外部的蛋液就会立刻凝固。一定要从中心向外倒入蛋液。

【不要调小火】始终保持相同的火候，这样可以在短时间内制作完成。

剩下的蛋液用同样的方式从中心向外倒入。一边轻摇平底锅一边加热约 30 秒，直到蛋液呈现半熟状态。最后倾斜平底锅，让烩蛋滑入盘中，并根据个人喜好撒上花椒粉。

POINT

【轻摇平底锅】倒入剩下的蛋液后要轻摇平底锅，这样可以让味道更均匀，也能让烩蛋受热更加均匀。

猪肉香葱烩蛋

猪肉裹上面粉后更容易与鸡蛋混合，口感也会更加柔和。

材料（1人份）

- 猪肉（小块）…50g
- 面粉…1小勺
- 大葱…30g（1/3根）
- A
  - 水…1/2杯
  - 酱油…1大勺
  - 味醂…2大勺
- 鸡蛋…2个
- 花椒粉（根据个人喜好）…少许

※请事先准备好筷子和大汤勺。

做法

1 大葱斜切成长5mm左右的葱段，猪肉裹上面粉。

2 将鸡蛋打入深碗中，用筷子划破蛋黄，筷子尖抵住碗，轻轻搅打15～20下。

3 在小号平底锅里加入材料A，中火加热1分钟左右。加入步骤1中的葱段和猪肉，继续加热两三分钟，其间用筷子上下翻炒食材。

4 用大汤勺加入1/2的蛋液，注意要从中心旋转着向外倒入。中火加热30秒。

5 剩下的蛋液用同样的方式从中心向外倒入。一边轻摇平底锅一边加热约30秒，直到蛋液呈现出半熟状态。最后倾斜平底锅，让烩蛋滑入盘中，并根据个人喜好撒上花椒粉。

韭菜烩蛋

只需在烩蛋中加入韭菜即可，还可以加入足量调味汁，盖在米饭上享用。

材料（1 人份）

- 韭菜…30g（1/2 把）
- A
  - 水…1/2 杯
  - 盐…1/4 小勺
  - 酱油…1 小勺
  - 味醂…1.5 大勺
- 鸡蛋…2 个

※ 请事先准备好筷子和大汤勺。

做法

1 将韭菜切成长 5cm 左右的段。

2 将鸡蛋打入深碗中，用筷子划破蛋黄，筷子尖抵住碗，轻轻搅打 15 ~ 20 下。

3 向小号平底锅里加入材料 A，中火加热 1 分钟左右。加入步骤 1 中的韭菜，继续加热一两分钟，其间用筷子上下翻炒食材。

4 用大汤勺加入 1/2 蛋液，注意要从中心旋转着向外倒入，中火加热 30 秒。

5 剩下的蛋液用同样的方式从中心向外倒入。一边轻摇平底锅一边加热约 30 秒，直到蛋液呈现半熟状态。最后倾斜平底锅，让烩蛋滑入盘中。

鸡蛋宝典 6

蛋卷

一起来学习用平底锅制作蛋卷吧！掌握正确的应对方式，即使制作过程中出现失误也不怕。这是便当中经常出现的经典料理。

材料（适当分量）

- 鸡蛋…3 个
- A 白砂糖、水…各 1 大勺
- A 酱油…1 小勺
- 色拉油…1 大勺
- 白萝卜泥…适量

※ 请事先准备好硅胶刮刀、大汤勺和厨房纸巾。

事先准备

将鸡蛋打入深碗中，筷子尖抵住碗，搅打 30 下左右，把鸡蛋打散。用筷子多次挑起蛋液，挑断蛋清。向蛋液里加入材料 A，再搅拌 10 下左右。

POINT

【利用水和白砂糖调整受热程度】加入白砂糖和水后蛋液会变得不易凝固，这样可以更容易控制火候。另外，加入水后白砂糖更易溶化。

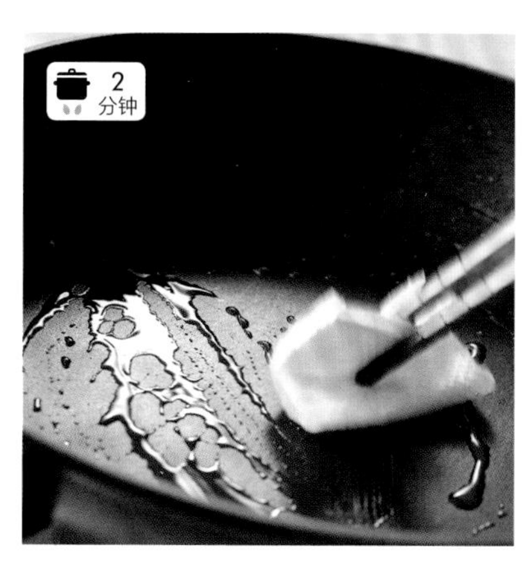

向大号平底锅中倒入色拉油，中火加热 2 分钟，用厨房纸巾把油涂抹均匀。

POINT

【用厨房纸巾把油抹匀】把色拉油均匀地涂抹在锅底，可以避免鸡蛋局部烧焦。使用过的厨房纸巾先不要丢掉，之后还会用到。

煎制

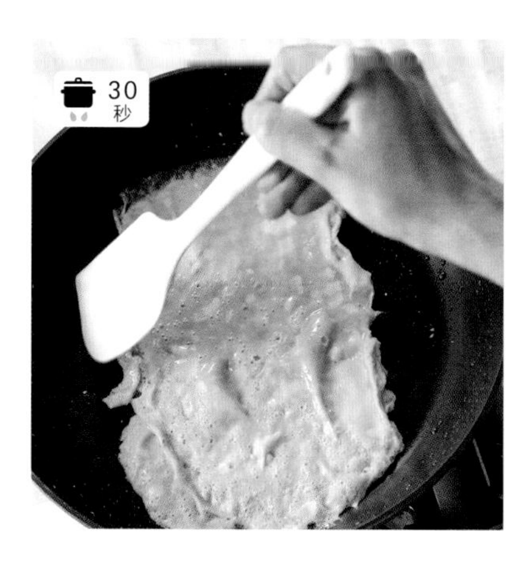

用筷子尖蘸少许蛋液，滴入锅中，如果出现“刺啦”声则代表火候适中，此时加入 1 大勺蛋液。倾斜平底锅让蛋液铺满锅底，加热约 30 秒。其间用硅胶刮刀把两侧的蛋液向中间拨拢，使凝固的蛋液呈长方形。

POINT

【充分预热】低温制作出的鸡蛋口感不够松软顺滑。一定要等锅热到蛋液可以发出“刺啦”声时再倒入蛋液，这一点十分重要。

卷鸡蛋（第1次）

待蛋液稍微凝固一些（筷子尖只能蘸起少许蛋液），将蛋饼向靠近自己的一侧卷起来。

POINT

【尽量卷细】第一次卷得细些，后面几次卷起来会更轻松。

【快速卷起】趁蛋液表面还是半熟状态时卷好，这样鸡蛋卷会凝固在一起，不易散开。尽量把这个过程控制在20秒左右完成。

卷鸡蛋（第2次）

把刚刚卷好的蛋卷放到锅中远离自己的一侧。用吸过油的厨房纸巾涂抹锅底，加热30～60秒，将1/2剩余蛋液倒入锅中。待蛋液半熟后用硅胶刮刀把两侧的蛋液向中间拨拢，继续卷起。

POINT

【倾斜平底锅】卷鸡蛋时把平底锅向自己身体一侧倾斜会更加轻松。也可以左右手配合，一边用勺子压住鸡蛋，一边用铲子卷。

卷鸡蛋（第3次）

再次用吸过油的厨房纸巾涂抹锅底，之后立刻倒入余下的全部蛋液。接着像前面一样快速卷起鸡蛋，此过程控制在20秒左右，最后滚动鸡蛋卷，使整体充分受热并上色。

POINT

【不需要加热30～60秒】第3次倒入蛋液时锅底的温度已经很高，不需要额外加热30～60秒。用吸过油的厨房纸巾涂抹锅底后立刻倒入蛋液。

明太子蛋卷

明太子自带咸味和甜味，无须其他材料即可完成美味的料理。

材料（1人份）

- 鸡蛋…3个
- 明太子…60g
- 水…1小勺
- 色拉油…1大勺

※ 请事先准备好硅胶刮刀、大汤勺和厨房纸巾。

做法

1 将鸡蛋打入深碗中，筷子尖抵住碗，搅打30下左右，将鸡蛋打散。用筷子多次挑起蛋液，挑断蛋清。向蛋液中加入水和揉碎的明太子，再搅拌10下左右。

2 大号平底锅中倒入色拉油，加热2分钟。用厨房纸巾把油涂抹均匀。

3 用筷子尖蘸少许蛋液点入锅中，如果出现“刺啦”声则代表火候适中，此时加入1大勺蛋液。倾斜平底锅让蛋液铺满锅底，加热约30秒。其间用硅胶刮刀把两侧的蛋液向中间拨拢，使凝固的蛋液呈长方形。

4 待蛋液稍微凝固一些（筷子尖只能蘸起少许蛋液），将蛋饼向靠近自己的一侧卷起来。

5 将刚刚卷好的蛋卷放到锅中远离自己的一侧。再次用吸过油的厨房纸巾涂抹锅底，加热30～60秒，将剩余蛋液的1/2倒入锅中。

6 重复步骤3～5，最后滚动蛋卷，使整体充分受热并上色。

香葱蛋卷

在蛋卷的基础上加入葱末即可，葱末能为蛋卷带来更加丰富的色彩。

材料（适当分量）

- 鸡蛋……3 个
- 小葱末…25g（约 5 根）
- A
  - 白砂糖、水…各 1 大勺
  - 酱油…1 小勺
- 色拉油…1 大勺

※ 请事先准备好硅胶刮刀、大汤勺和厨房纸巾。

做法

1 将鸡蛋打入深碗中，筷子尖抵住碗，搅打 30 下左右，把鸡蛋打散。用筷子多次挑起蛋液，挑断蛋清。向蛋液里加入材料 A，搅拌 10 下左右。加入小葱末后再简单搅拌。

2 大号平底锅中倒入色拉油，加热 2 分钟。用厨房纸巾把油涂抹均匀。

3 用筷子尖蘸少许蛋液，点入锅中，如果出现“刺啦”声则代表火候适中，此时加入 1 大勺蛋液。倾斜平底锅让蛋液铺满锅底，加热约 30 秒。其间用硅胶刮刀把两侧的蛋液向中间拨拢，使凝固的蛋液呈长方形。

4 待蛋液稍微凝固一些（筷子尖只能蘸起少许蛋液），把蛋饼向靠近自己的一侧卷起来。

5 将卷好的蛋卷放到锅中远离自己的一侧。再次用吸过油的厨房纸巾涂抹锅底，加热 30 ~ 60 秒。将剩余蛋液的 1/2 倒入锅中。

6 重复步骤 3 ~ 5，最后滚动蛋卷，使整体充分受热并上色。

第 2 章

食材宝典

本章为大家精选了 12 种价格实惠且易于操作的食材。

从事先准备、料理方式到保存方法，一起来最大限度地利用食材吧！

实惠！好做！

常用食材介绍

本章介绍的食材不仅价格实惠、易于制作，还是能够通过不同的做法变身各种美味料理的“多面手”。只要掌握一点点操作诀窍，简单的食材也能变佳肴。

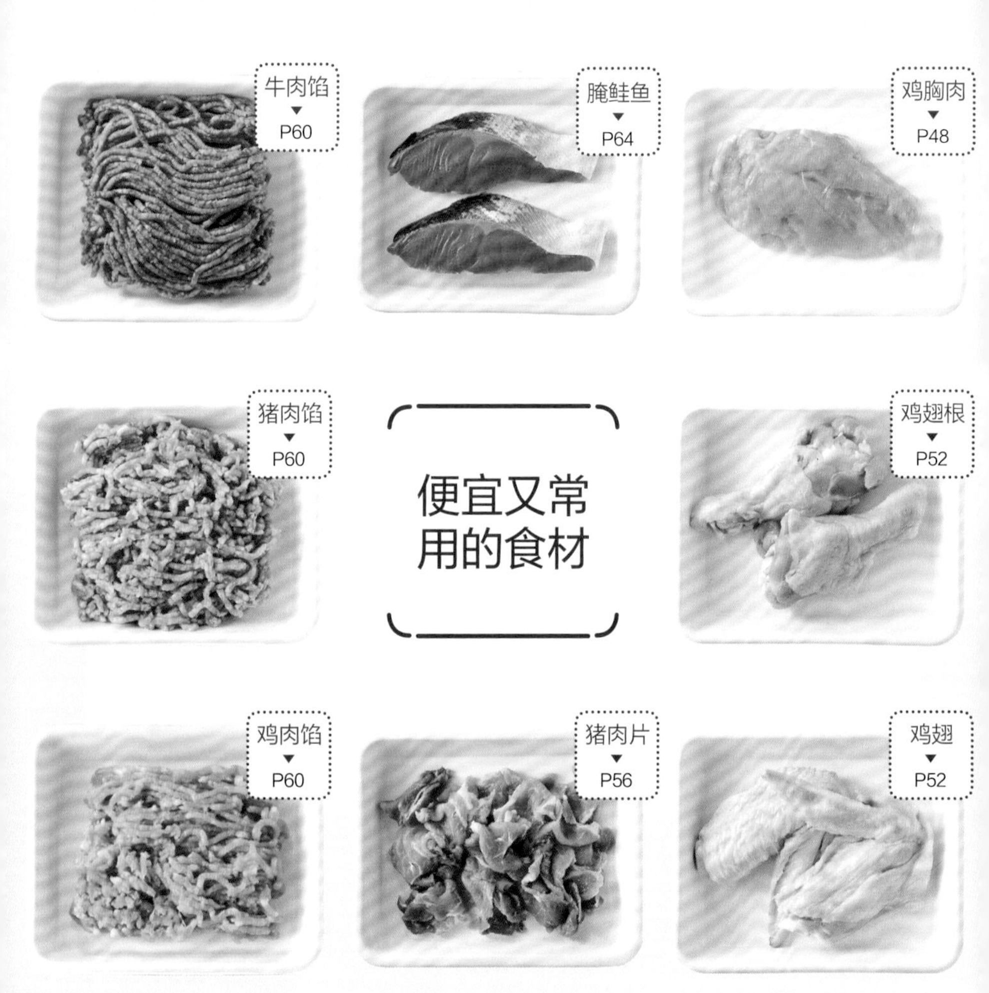

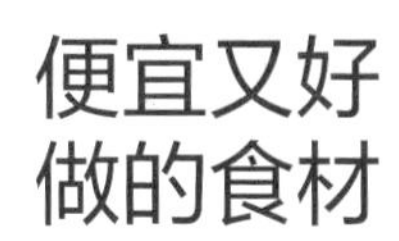

便宜又好做的食材

蘑菇
▼
P74

豆腐
▼
P76

油豆腐
▼
P78

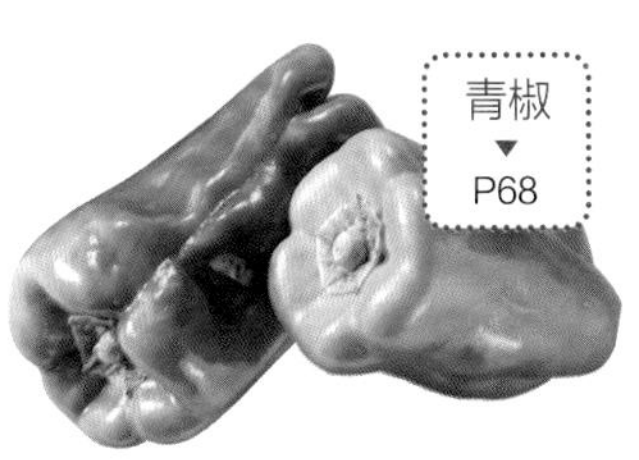

青椒
▼
P68

圣女果
▼
P70

混合豆
▼
P80

圆白菜
▼
P72

食材宝典 1

鸡胸肉

特点

鸡胸肉脂肪含量很少，十分健康。烹饪过程中要精确控制火候，避免肉质变老、变柴。简单的鸡胸肉也能做成一道分量十足的佳肴。

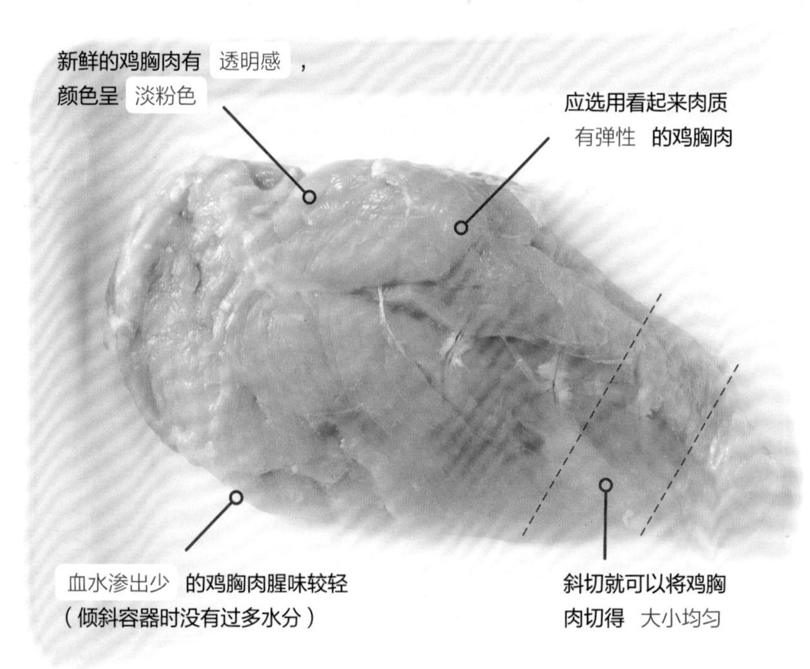

推荐料理方式

❶ 直接煎

鸡胸肉脂肪含量少，容易变硬、变柴。因此，直接煎制鸡胸肉时，平底锅温度不要过高，并且要在出锅前裹上一层酱汁。

❷ 煮

鸡胸肉口味清淡，因此也适于直接煮。下锅前用白砂糖和盐揉搓鸡胸肉，可以锁住水分，使其口感更佳。

❸ 裹面衣

鸡胸肉脂肪含量少，容易变硬、变柴。在鸡胸肉外侧裹上面衣，能够有效锁住水分。

让鸡胸肉更美味

❶ 用拳头捶打，统一厚度

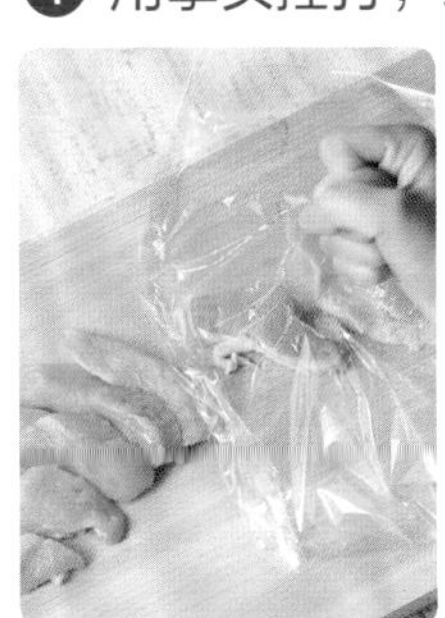

先去除鸡皮和脂肪，然后将鸡胸肉斜切成大小均等的块。切面朝上，盖上一层保鲜膜后用拳头轻轻捶打，使每块鸡胸肉厚度基本一致。这样能够让鸡胸肉受热更加均匀，肉质更加柔软。

❷ 最后用余温闷熟

鸡胸肉比鸡腿肉脂肪含量少，过度加热会导致其口感变柴。关火后盖上锅盖，用余温闷熟，能够让其口感更细腻。

保存方法

用保鲜膜密封

每块鸡胸肉都用保鲜膜单独包裹。注意要包裹严实，用手轻轻挤出保鲜膜内的空气后放入冰箱。鸡胸肉在冷冻室里可以保存一个月。

鸡胸肉活用食谱

简易煮鸡胸

煮过的鸡胸肉口感嫩滑，配上黄瓜后酷似棒棒鸡。

材料（1人份）

- 鸡胸肉…1块（200g）
- A
  - 白砂糖…1小勺
  - 盐…1/2小勺
- 黄瓜…1根
- B
  - 牛奶…2大勺
  - 芝麻碎…1½大勺
  - 味噌…1大勺
  - 醋…2小勺
  - 白砂糖、芝麻油…各1小勺
- 生菜、圣女果…各适量

做法

1 将鸡胸肉放进小锅或小号平底锅中，加入材料A，揉搓1分钟。

2 加入清水（材料外）没过鸡胸肉，盖上锅盖后中火煮沸，调小火继续煮约3分钟，用夹子翻面。盖上盖子后关火，静置30分钟，用余温闷制并使其稍微冷却。

3 待煮鸡胸肉的水冷却后，用手抓住鸡胸肉，在水中揉捏10次左右，然后取出鸡胸肉，放在案板上，撕成适口大小。也可以直接把鸡胸肉浸在水中，撕成小块。

4 黄瓜拍扁，切成小块。生菜切成适口大小，圣女果一分为四。

5 先在容器里铺上步骤4中的材料，然后再铺上步骤3中的材料，把材料B混合均匀后淋在最上面。

嫩煎鸡胸肉

煎鸡胸肉时加入蛋液，即可做成嫩煎鸡胸肉。金黄的色泽看上去非常诱人。

材料（1人份）

- 鸡胸肉…1块（200g）
- A
  - 盐…1/4小勺
  - 色拉油…1小勺
- 面粉…2大勺
- 鸡蛋…1个
- 蟹味菇…50g
- 色拉油…1大勺
- 番茄酱（根据个人喜好）…适量

※ 请事先准备好深碗、炒菜铲和厨房纸巾。

做法

1 鸡胸肉斜切成2cm宽的小块，切面朝上，盖上一层保鲜膜后用拳头轻轻捶打5次左右。将鸡胸肉放入深碗中，加入材料A并拌匀。撒上面粉，倒入打好的鸡蛋，拌匀。蟹味菇分成小朵。

2 往大号平底锅中倒入色拉油，中火加热约30秒。放入鸡胸肉煎约3分钟，待一面煎至颜色金黄，翻面继续煎3分钟。

3 蟹味菇中加入蛋液，拌匀。将蟹味菇放到锅中空余的地方，盖上锅盖，小火加热约2分钟。装盘，根据个人喜好搭配番茄酱。

蛋黄酱鸡胸肉

当口味清淡的鸡胸肉遇到蛋黄酱，浓厚的酱汁让人欲罢不能。

材料（1人份）

- 鸡胸肉…1块（200g）
- 色拉油…2小勺
- A
  - 蛋黄酱…3大勺
  - 酱油…1小勺
- 山葵（或芥末）…适量

※ 请事先准备好炒菜铲和厨房纸巾。

做法

1 将鸡胸肉斜切成2cm宽的小块，切面朝上，盖上一层保鲜膜后用拳头轻轻捶打5次左右。

2 往大号平底锅中倒入色拉油，中火加热约30秒。将鸡胸肉码在锅中，煎3分钟左右。待一面煎至颜色金黄后翻面，继续煎2分钟。其间抽空把材料A搅拌均匀。

3 用厨房纸巾擦掉锅中多余的油，加入材料A后翻炒。装盘，配上山葵或芥末。

食材宝典 2

鸡翅根、鸡翅

特点

鸡翅根和带骨鸡翅可以直接煮出高汤。这部分肉基本没有优劣之分，可以放心购买。

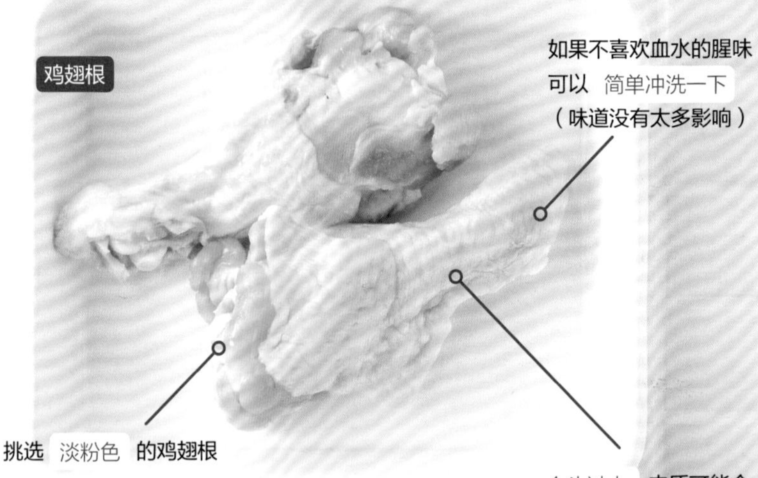

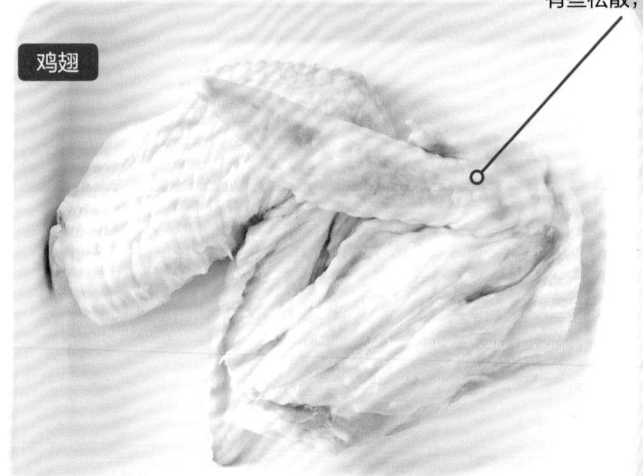

☑ 推荐料理方式

❶ 去腥

虽然可以煮出高汤，但鸡翅自带的腥味可能令不少人苦恼。蒜和姜可以消除这种腥味，使其风味更佳。

❷ 煮

鸡翅非常耐煮，不太会出现变老、变柴的情况。烹饪过程中如果发现汤汁不够，可以直接加水继续煮。

❸ 外形活用

烹饪鸡翅时可以活用其独特的形态，造型独特的鸡翅可以做出华丽的摆盘效果。建议将鸡翅根和鸡翅混用。

☑ 让鸡翅更美味

❶ 贴着骨头剪开

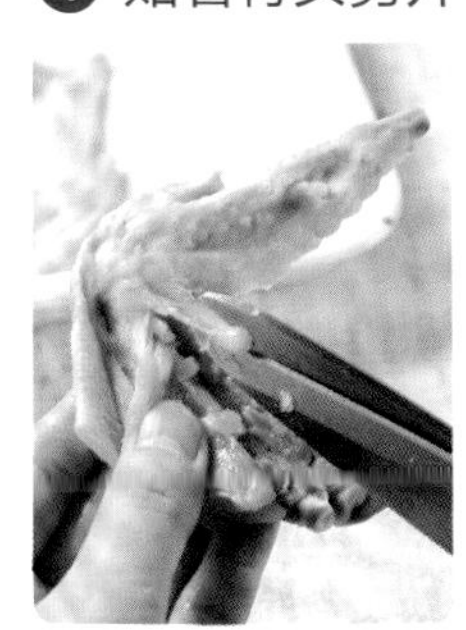

鸡翅根和鸡翅部分肉质较厚、不易入味。用剪刀贴着骨头把肉剪开，可以让鸡翅更入味。

❷ 剪掉鸡翅尖

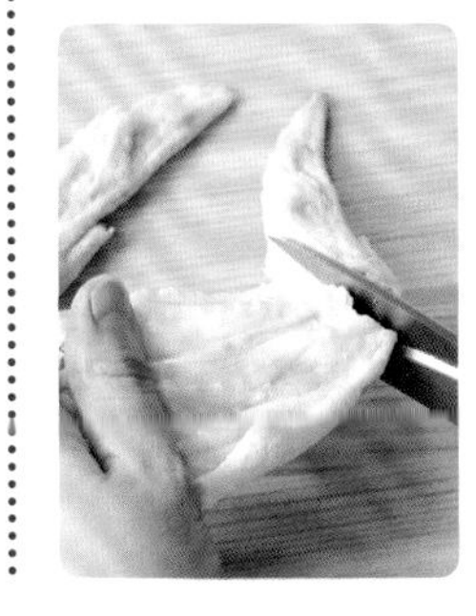

如果鸡翅尖在烹饪过程中比较碍事，可以从关节处剪掉。鸡翅尖基本都是软骨，可食用的部分很少，但煮高汤时建议保留。

保存方法

放入保鲜袋

放进保鲜袋冷冻即可。冷冻鸡翅可以保存1个月左右。切掉的鸡翅尖可以单独用来制作高汤。

鸡翅活用食谱

酸甜红烧鸡翅

醋可以让肉质更加柔嫩。小火慢煮，让味道慢慢渗入鸡翅。

材料（适当分量）

- 鸡翅（或鸡翅根）…250 ~ 300g（5 ~ 6 根）
- 洋葱…100g（1/2 个）
- A
  - 白砂糖…1 大勺
  - 酱油…2 大勺
  - 醋…1/4 杯
  - 水…1 杯
  - 姜泥…1 小勺（5g）
- 萝卜苗（根据个人喜好）…适量

※ 请事先准备好炒菜铲。

做法

1 用剪刀剪掉鸡翅尖，然后贴着骨头把肉剪开（如果锅里放不下，剪掉的部分可以不用）。洋葱切成 5mm 左右宽的条。

2 锅中加入步骤 1 的食材，然后加入材料 A，中火加热。煮沸后将鸡翅翻面，小火煮 20 分钟左右，其间不时给鸡翅翻面。装盘，根据个人喜好点缀上萝卜苗。

鸡翅烩饭

在电饭锅中放入所有食材即可完成。海苔的香气和日式高汤搭配，香味沁人心脾。

材料（适当分量）

- 鸡翅（或鸡翅根）…250 ~ 300g（5 ~ 6 根）
- 大米…150g
- A
  - 水…350ml
  - 酱油…2 大勺
  - 味醂…1 大勺
  - 盐…1/2 小勺
- 蟹味菇…60g
- 海苔（根据个人喜好）…适量

做法

1 大米淘洗干净后沥干，静置 30 分钟左右。用剪刀剪掉鸡翅尖，然后贴着骨头把肉剪开（如果锅里放不下，剪掉的部分可以不用）。

2 电饭锅中加入大米，码上鸡翅，最后铺上分成小朵的蟹味菇。

3 淋入材料 A，盖上锅盖后开始焖饭。盛出后根据个人喜好撒上海苔。

番茄煮鸡翅根

烹饪时加入番茄汁和番茄酱能为鸡翅根提鲜，从而打造出更有层次的味道。

材料（适当分量）

- 鸡翅根…250 ~ 300g（5 ~ 6 根）
- 洋葱…50g（1/4 个）
- A
  - 盐…1/2 小勺
  - 番茄酱…2 大勺
  - 番茄汁（无盐）…1 杯
  - 水…1/2 杯
  - 橄榄油…1 大勺
  - 蒜泥…2 小勺（10g）

芝士粉、香芹（根据个人爱好）……适量

※ 请事先准备好炒菜铲。

做法

1 贴着骨头把鸡翅根剪开，洋葱切成 5mm 宽的条。

2 锅中加入步骤 1 的材料和材料 A，中火煮沸后将鸡翅根翻面，小火继续煮 20 分钟，其间不时翻面。装盘后撒芝士粉，根据个人喜好撒香芹。

食材宝典 3

猪肉片

特点

价格较低、便宜实惠。部位不同的猪肉味道和口感丰富。肉片切得较小、较薄，很容易做熟。

☑ 推荐料理方式

❶ 快速煎

猪肉片小且薄，一下锅马上就熟。加热时间过长肉质会变老、变柴，因此建议快速煎制。

❷ 与蔬菜搭配

猪肉片与蔬菜一起烹制能让菜品更显分量。可以与生的蔬菜一起制成沙拉，也可以做成炒菜，无论哪种做法，成品造型都非常棒。

❸ 团成肉丸煎

将猪肉片裹上面粉后团成小团，做成简易肉丸。这种做法不仅比用肉馅做丸子简单，做出来的成品口感也会更加松软。

☑ 让猪肉片更美味

❶ 温水涮肉，口感更嫩

肉类中的蛋白质在60℃以上时开始凝固、收缩，因此涮肉时记得时不时加些冷水，控制好水温。1000ml 沸水中加入1杯冷水，水温就会变成 80℃左右，请用这种温度的水涮肉。

❷ 裹上面粉

下锅之前撒上一层面粉，可以锁住猪肉本身的汁水和鲜味。这样炒出的肉片肉质鲜嫩、口感绝佳。

保存方法

根据单次用量分别用保鲜膜密封

将猪肉片分成适合单次使用的小份，用保鲜膜包好后轻轻挤出内部空气，放入冰箱。猪肉片在冷冻室里可以保存 1 个月左右。

海苔肉丸卷

用猪肉片做成的创意料理，口感蓬松软嫩，外面包裹着海苔，肉丸不易散开。

材料（1人份）

- 猪肉片…150g
- A ● 酱油、白砂糖…各1小勺
- 面粉、色拉油…各2小勺
- 烤海苔…6片
- 辣椒粉（根据个人喜好）…适量

※ 请事先准备好炒菜铲或菜夹。

做法

1 在猪肉片中加入材料A揉匀，捏成6个大小均匀、外表平整的椭圆形肉丸。

2 用烤海苔卷起肉丸，轻轻挤压。在外面撒上一层面粉。

3 小号平底锅中倒入色拉油，中火加热30秒左右。海苔开口朝下，将丸子放入锅中。不要翻动丸子，煎3分钟左右后翻面，再煎两三分钟。根据个人喜好撒辣椒粉。

猪肉生姜烧

人气料理。姜和蒜能够激发出无与伦比的香味。

材料（1人份）

- 猪肉片…150g
- 洋葱…100g（1/2个）
- 面粉、色拉油…各2小勺
- A
  - 味醂…2大勺
  - 姜（或管装姜泥）、酱油…各1大勺（生姜15g）
  - 蒜（或管装蒜泥）…1/2小勺（2.5g）
- 小葱末……适量

※ 请事先准备好炒菜铲。

做法

1 洋葱切成约5mm宽的条。将姜和蒜去皮、磨成泥，与材料A中其他材料混合。

2 往小号平底锅中倒入色拉油，中火加热30秒左右，加入猪肉片和洋葱。在猪肉片上撒面粉，不要翻动，煎制约2分钟。待猪肉片边缘变白时翻面，再轻炒1分钟左右。

3 把锅中间空出来，倒入材料A煮沸，再跟猪肉片一起翻炒。最后撒小葱末。

涮肉沙拉

用80℃左右的热水涮熟猪肉片，搭配满满的蔬菜做成的沙拉。加入裙带菜，营养更均衡。

材料（1人份）

- 猪肉片…150g
- 水菜30g
- 干裙带菜……1小勺
- 圣女果…3个
- A
  - 酱油、色拉油…各1大勺
  - 醋…2小勺
  - 白砂糖…1/2小勺

※ 请提前准备好炒菜专用筷子。

做法

1 锅中加入1000ml热水（材料外）并烧开，再倒1杯冷水（材料外），关火后下入猪肉片，涮1分钟左右，其间用筷子摇散猪肉片，捞出后沥干水分。

2 干裙带菜用水泡发5分钟左右，取出后沥干水分。水菜切成4cm长的段，圣女果去蒂后一切为二。

3 将材料A混合拌匀。

4 在深碗里加入处理好的猪肉片和蔬菜，先倒入1/2步骤3中的材料，搅拌均匀。剩下的调料转圈淋在菜肴上。

食材宝典 4

肉馅

特点

肉馅中混合着各个部位的肉，脂肪饱满、十分鲜美。肉馅保质期较短，要在一两天内用完。价格由低到高分别是鸡肉馅、猪肉馅、牛肉馅。

推荐料理方式

❶ 翻炒后再调味

肉馅经常炒成肉末，简单、易操作，只需炒一炒然后调味即可。选用不同的调味料可以给肉末带来无限的可能性。炒肉末用途多样，可以用来盖饭，也可以制作欧姆蛋的内馅。

❷ 猪肉馅＋鸡肉馅

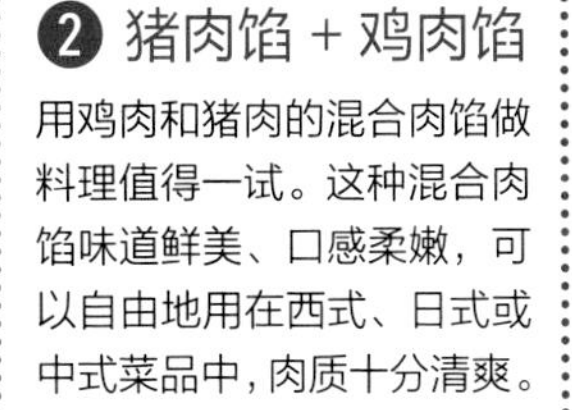

用鸡肉和猪肉的混合肉馅做料理值得一试。这种混合肉馅味道鲜美、口感柔嫩，可以自由地用在西式、日式或中式菜品中，肉质十分清爽。

❸ 利用余温炒熟肉馅

肉馅细小易熟，炒肉馅时要学会利用余温。适当加热后及时关火，用余温炒熟肉馅。这样可以防止把肉馅炒老。

让肉馅更美味

❶ 揉捏至肉馅变黏

制作汉堡肉或肉馅时，用手把肉馅揉至变黏，可以让烹饪后的肉馅更加多汁。手掌的温度较高，容易化开肉馅中的脂肪，因此尽量用手指快速揉捏。

❷ 去除多余油脂

肉馅呈小粒状，表面积较大，脂肪容易析出。烹饪过程中要及时用厨房纸巾吸掉多余油脂，这样有利于之后调味，还可以去除肉腥味。

保存方法

按单次用量分别用保鲜膜密封

肉馅容易变质，不马上使用的话需要冷冻保存。将肉馅分成适合单次使用的小份，用保鲜膜包好后轻轻挤出内部空气，放入冰箱。这样的肉馅在冷冻室里可以保存1个月左右。

肉馅活用食谱

日式鸡肉蓉

用味噌和酱油调味的日式鸡肉蓉，鸡肉馅中含有不少油脂，因此烹饪过程中不需要加油，最后还可以撒上小葱等调料。

材料（适当分量）

- 鸡肉馅…150g
- A
  - 味噌、酱油、白砂糖…各 1 大勺
  - 姜泥…1 小勺（5g）

※ 请事先准备好炒菜专用筷子。

做法

1 在小号锅中加入鸡肉馅和材料 A，搅拌均匀。

2 中火加热 1 分钟左右，其间用筷子不断翻炒。鸡肉馅炒变色后关火，继续翻炒 30 ~ 40 秒。

3 再次开中火翻炒 1 分钟左右，关火后继续翻炒 30 ~ 40 秒，这样重复 3 次。待鸡肉馅炒至干爽、不粘锅时盛出。

葱香肉丸

一道外酥里嫩、让人口齿留香的美味佳肴。还可以在猪肉馅里加入鸡肉馅，口感会更加清爽，味道绝佳。

材料（1 人份）

- 猪肉馅…150g
- A
  - 盐…少许
  - 面粉…1 大勺
- 大葱…1/2 根（50g）
- 色拉油…2 小勺
- B
  - 酱油、味噌、水…各 1 大勺

※ 请事先准备好炒菜铲和厨房纸巾。

做法

1 大葱切成大小相等的 2 段，其中一段再切两三小段，另一段切末。

2 在深碗中加入猪肉馅、葱末和材料 A，搅拌约 1 分钟，捏成 3 个大小相等的椭圆形肉丸。

3 往小号平底锅中倒入色拉油，中火加热 30 秒左右。放入步骤 2 中的肉丸和葱段，煎 3 分钟左右后翻面，继续煎 3 分钟左右。

4 用厨房纸巾吸除多余的油脂，倒入材料 B，加热约 1 分钟。

西式炒肉末

加入番茄酱的炒肉末用途广泛，不仅可以用来做塔可饭和塔可，还可以作为沙拉的拌料使用。

材料（适当分量）

- 牛肉馅（或混合肉馅）…150g
- A
  - 番茄酱…2 大勺
  - 蒜泥…1 小勺（5g）
  - 盐、酱油…各少许

※ 请事先准备好炒菜专用筷子和厨房纸巾。

做法

1 往小号平底锅中倒入牛肉馅，中火加热 2 分钟，牛肉馅略微炒散后再翻炒 1 分钟。

2 用厨房纸巾吸除多余油脂，加入材料 A 后翻炒一两分钟，将调料炒匀。

食材宝典 5

腌鲑鱼

特点

腌制过的鲑鱼鲜味突出。腌鲑鱼做法多样，不仅可以煎、煮，还可以做成鱼丸。

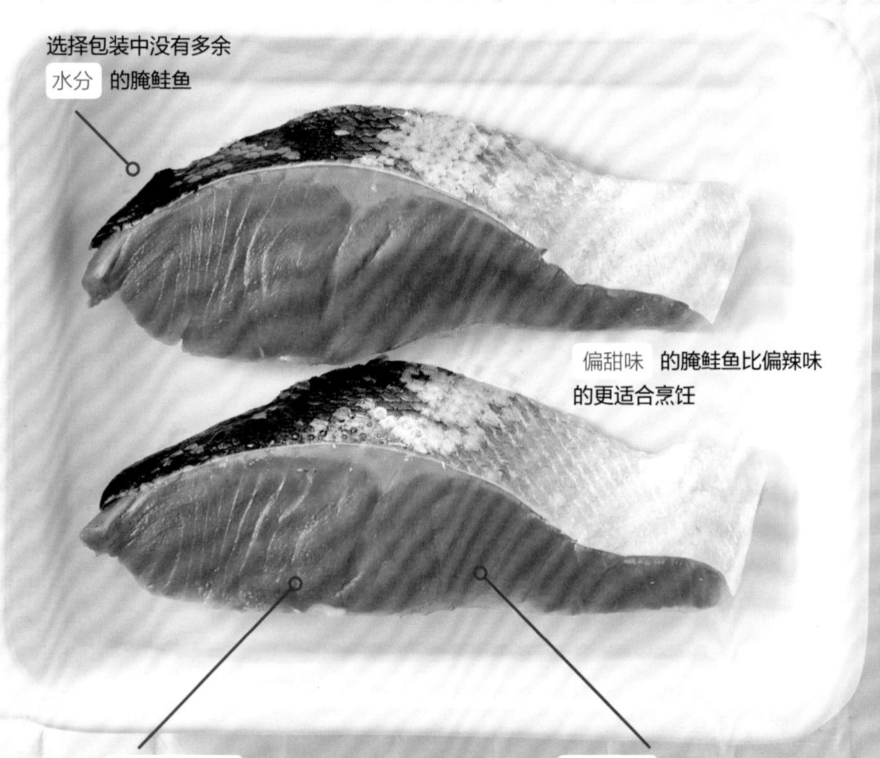

选择包装中没有多余水分的腌鲑鱼

偏甜味的腌鲑鱼比偏辣味的更适合烹饪

表面没有脂肪析出的腌鲑鱼更易去除盐分

肉质丰盈的腌鲑鱼品质优良

推荐料理方式

❶ 去除盐分

直接买回家的腌鲑鱼盐分很重，在温水中浸泡5分钟左右可以去除其中30% ~ 50%的盐分。经过去盐处理的腌鲑鱼适用于多种菜肴。

❷ 蒸煮

说到鲑鱼，大家都习惯性地想到“煎鲑鱼”，但其实蒸煮出来的鲑鱼也别有一番风味。温水浸泡处理不仅可以去除多余盐分，还可以让鲑鱼吸收水分，使肉质更加鲜美。

❸ 改变形态

根据盐分的不同，腌鲑鱼的肉质会呈现出不同黏度，适合制作不同菜肴。用勺子刮下鱼肉，加入面粉后团成小团，一道鲑鱼丸就做好了。

让腌鲑鱼更美味

❶ 用温水清洗

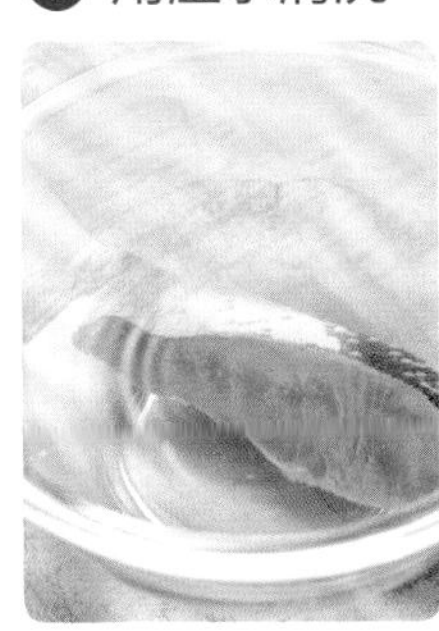

用温水浸泡不仅可以去除盐分，还可以顺便清理鱼肉，去掉表面的黏液和鱼腥味。

❷ 用勺子刮鱼肉

用勺子刮鱼肉时要注意避开鱼刺和鱼皮。在鱼肉碎中混入姜和香葱会更加美味。

保存方法

每块单独用保鲜膜包裹

用厨房纸巾擦干腌鲑鱼上的水分，每块单独用保鲜膜包起来，轻轻挤出内部空气，放入冰箱。冷藏可以保存两三天，冷冻可以保存1个月左右。

腌鲑鱼
活用食谱

锡纸蒸鲑鱼

看似复杂、实则简单的锡纸蒸鲑鱼，
蒸煮过的鲑鱼肉质丰盈无比。

材料（1 人份）

- 腌鲑鱼（甜口）…1 块（100 ~ 120g）
- 胡椒粉…少许
- 洋葱…50g（1/4 个）
- 小葱末…适量
- 番茄…80g（1/2 个）
- 柠檬角…1 个
- 黄油…10g

做法

1 洋葱切薄片，番茄切成约 1cm 厚的片。

2 将腌鲑鱼放到温水中浸泡约 5 分钟，捞出后擦干水分。

3 准备边长约 30cm 的锡纸，把切好的洋葱和番茄片交替铺好，上面放上腌鲑鱼，再放黄油，撒胡椒粉。捏起锡纸上下两边，再把左右两边向中间折，包好。

4 平底锅中倒入色拉油（材料外），用厨房纸巾涂抹均匀。将包好的锡纸放在锅里。在锡纸中加入 4 大勺清水（材料外），盖上锅盖，中火加热 10 ~ 12 分钟。最后撒上小葱末，摆好柠檬角。

鲑鱼丸汤

用勺子刮下鱼肉，团成丸子。腌鲑鱼自带盐分，仅需少许面粉就可以做成美味的鱼丸。

材料（1 人份、大份）

- 腌鲑鱼…1 块（80g）
- A ┌ 面粉…1 大勺
  └ 姜泥…1 小勺（5g）
- 白萝卜…80g
- 胡萝卜…30g
- B ┌ 水……1½ 杯
  │ 酱油…2 小勺
  └ 味醂…1 大勺
- 豆苗……适量

做法

1 将腌鲑鱼放到温水中浸泡约 5 分钟，捞出后擦干水分。用勺子刮下鱼肉，避开鱼刺和鱼皮。加入材料 A 后用勺子碾压并搅拌 1 分钟左右，用手将鱼肉分成三四个大小相等的肉丸。

2 白萝卜和胡萝卜去皮后切成约 5mm 厚的片，再切十字，分成 4 片。

3 往小号锅中加入蔬菜和材料 B，中火加热。煮沸后放入团好的肉丸，不要搅动，小火煮 10 ~ 12 分钟。盛出后点缀上豆苗。

鲑鱼蘑菇味噌汤

简单的味噌汤配上鲑鱼，摇身一变成了一顿大餐。将鲑鱼切成大块，让你获得最满足的口感。

材料（1 人份、大份）

- 腌鲑鱼（甜口）…1 块（80g）
- 蟹味菇…50g
- 洋葱…50g（1/4 个）
- 水…2 杯
- 味噌…2 大勺
- 小葱葱花…适量

做法

1 将蟹味菇分成小朵，洋葱切成 3 等份。腌鲑鱼切成 3 等份，放入温水中浸泡约 5 分钟。

2 往小号锅里加入步骤 1 中的食材和水，中火加热。煮沸后改小火，继续煮 10 分钟左右。加入味噌，煮 1 分钟后关火。盛出后撒上葱花。

食材宝典 6

青椒

特点

青椒的料理方式多种多样，可以生吃，也可以炒熟或水煮。不同的料理方式会让青椒呈现出不同的口感。

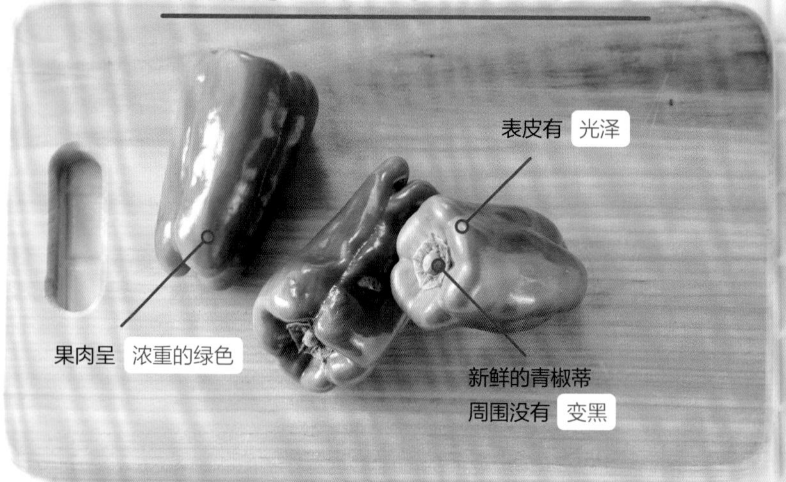

推荐料理方式

❶ 简单去蒂和子

通常大家会认为要把蒂和子全部清理干净，但其实只要充分加热，蒂和子也是可以食用的。整个青椒一起烹饪不仅省时省力，子还会产生粒粒分明的口感。

❷ 用手撕而不是刀切

用手撕出的青椒片不仅比用刀切的口感更加多变，更大的表面积还能更好入味。

更多料理知识

斜切

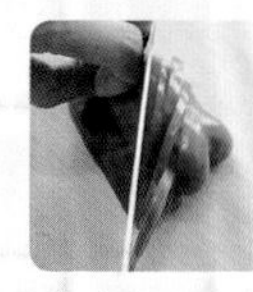

斜着切出的青椒拥有自然的弧度，更容易吸收调味料并入味。

可用彩椒代替

可以用等量的彩椒代替使用。

用剩的青椒可以装进保鲜袋里，放入冰箱保存。青椒装进保鲜袋后不会直接接触冷空气，能够延长寿命。

青椒活用食谱

海带拌青椒

青椒斜切成细丝，直接拌上盐渍海带。

材料（1人份）

- 青椒…60g（2个）
- 盐渍海带…1大勺
- 香油…1小勺

做法

1 先纵向将青椒劈成两半，去掉蒂和子，再斜切成细丝。

2 加入盐渍海带，混合均匀，静置5分钟。待青椒变软后加入香油拌匀。

鲣鱼片拌青椒

口感清爽、汁水丰盈，吸满酱油的鲣鱼片味道绝佳！

材料（1人份）

- 青椒…60g（2个）
- A
  - 酱油…1小勺
  - 白砂糖…少许
  - 鲣鱼片…1撮

做法

1 青椒去蒂和子，分成适口大小。

2 小号锅里加入2杯热水（材料外），烧开后加入青椒煮1分钟，捞出沥干。

3 趁热将青椒和材料A拌匀，装盘。

虎皮青椒

青椒经过充分煎制，更容易吸收酱汁。

材料（1人份）

- 青椒…60g（2个）
- 橄榄油…1大勺
- A
  - 盐…1/4小勺
  - 水…1大勺
  - 醋…1小勺

做法

1 用手指从青椒蒂部位戳开小洞，纵向撕成两半，去子。

2 将撕好的青椒码放在小号平底锅中，淋上橄榄油，搅拌一下，开中火加热。煎制四五分钟，待青椒变色后翻面，继续煎2分钟左右。

3 将青椒连油一起倒入耐热容器，倒入材料A拌匀，静置放凉。

食材宝典 7

圣女果

特点

与普通番茄相比子更多，味道更甜。圣女果经过蒸煮或煎制后，甜味还会变得更突出。

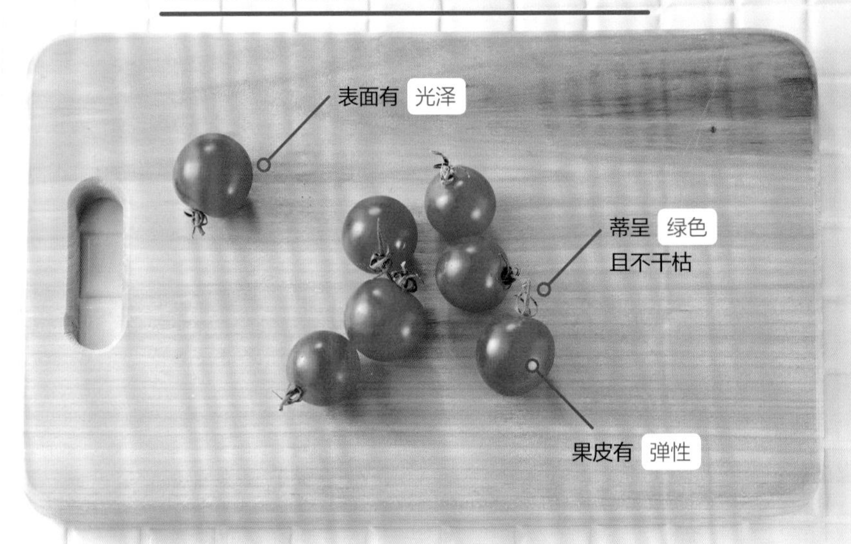

推荐料理方式

❶ 用盐调味后凉拌

子周围部分的口感类似果冻，糖分也很足。将圣女果一切为二，加盐拌匀，就能使其甜味更加浓郁。加盐后可以用来制作凉拌菜，也可以加热烹制。

❷ 加热

很多人都喜欢生吃圣女果，但其实加热后的圣女果也别有一番风味。不仅味道会变得更加浓郁，营养也会更容易被人体吸收。

更多料理知识

❶ 与果蒂平行横切，甜味更足

一切为二时与果蒂平行横切，圣女果的汁水和糖分更容易被激发出来。如果要放入便当盒，建议还是纵向下刀。

❷ 放进便当盒时要去蒂

果蒂上容易附着细菌，如果要把圣女果放进便当里，一定记得去掉果蒂。

直接放在买来时的超市保鲜盒里保存即可。

圣女果活用食谱

凉拌圣女果

用盐给圣女果提味，仅用少许调料就能打造出的时尚菜肴。

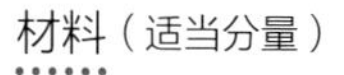

材料（适当分量）

- 圣女果…100 ~ 120g（10 ~ 12 个）
- A
  - 盐…1/4 小勺
  - 白砂糖…1/2 小勺
  - 醋、色拉油…各 1 小勺
- 香芹碎……适量

做法

1 圣女果去蒂，横向一切为二。

2 依次加入材料 A，拌匀后装盘，撒上香芹碎。

橄榄油圣女果

完整的圣女果经过加热，甜味和鲜味都更上一层楼。

材料（1 人份）

- 圣女果…100 ~ 120g（10 ~ 12 个）
- 蒜…1 瓣
- A
  - 酱油…1 小勺
  - 色拉油、橄榄油…各 2 大勺
- 香芹碎……适量

做法

1 圣女果去蒂，蒜切成 4 小块。

2 往小号平底锅中加入圣女果、蒜和材料 A，中火加热，煮沸后改小火继续煮四五分钟，最后撒上香芹碎。

培根圣女果汤

充分利用圣女果鲜味的靓汤，培根也为这道佳肴增色不少。

材料（1 人份）

- 圣女果…100 ~ 120g（10 ~ 12 个）
- 培根…1 片
- 橄榄油…1 小勺
- 盐…1/4 小勺
- 水…1 杯
- A
  - 芝士粉…1 小勺
  - 黑胡椒碎…少许

做法

1 圣女果去蒂，横向一切为二。培根切成宽 1cm 的小片。

2 小号锅中加入圣女果、培根和橄榄油，中火加热。煮沸后加盐，稍搅拌。

3 加水后中火煮 5 分钟左右。盛进容器后撒上材料 A。

食材宝典 8

圆白菜

特点

生熟食用都可以。菜叶和菜心甜度不同，可以用来制作不同菜肴。

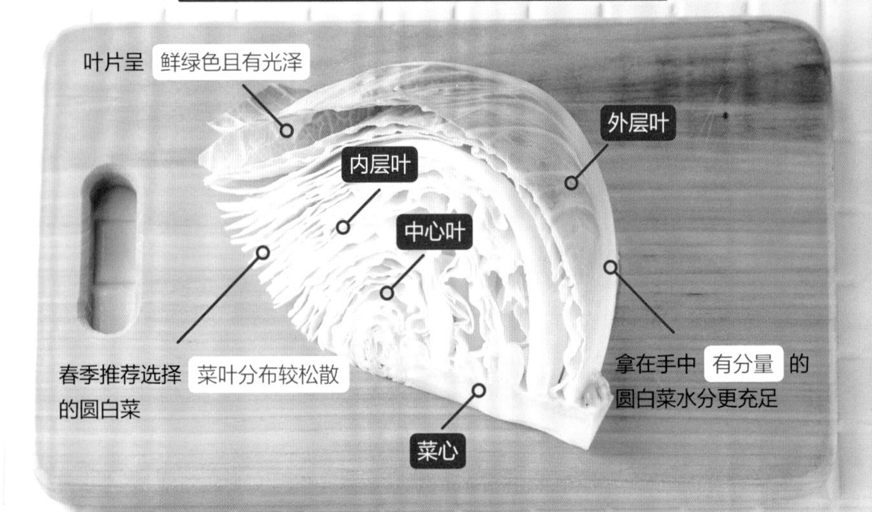

推荐料理方式

❶ 用手撕成大块

用手撕出的圆白菜不仅容易吸收调味料，而且口感会更好。手撕圆白菜会有“嘎吱嘎吱”的清脆口感，十分适合用在沙拉或凉拌菜里。

❷ 切成细丝

切成细丝的圆白菜能够更好地吸收调味料，也更容易释放出鲜味。特别是菜心部分，一定要切成细丝，让其入味。

更多料理知识

❶ 外层菜叶适合生吃

靠近外侧的菜叶口感爽脆，还含有蔬菜特有的清香味。

❷ 靠近中心的菜叶有甜味和一点点辣味

越靠近中心，菜叶的甜味和辛辣味就越强。这些部分适合加热烹制，或切丝后用在沙拉里。

用剩的部分用保鲜膜包好，放进冰箱。想要保存更久，可以切成小块或细丝后冷冻。冷冻状态下的圆白菜可以直接烹饪。

圆白菜活用食谱

蒜香圆白菜

用蒜泥和酱油调味的凉拌下酒菜，使用外层菜叶制作。

材料（1人份）

- 圆白菜…2片（100g）
- A
  - 蒜泥…1/2小勺
  - 酱油…2小勺
  - 白砂糖、香油…各1小勺

做法

1 将圆白菜撕成约5cm见方的片。

2 放入深碗中，依次加入材料A，拌匀。

凉拌圆白菜丝

使用靠近菜心的菜叶会让这道菜口感更佳、味道更甜。可以作为家常小菜，也可以放在便当里。

材料（适当分量）

- 圆白菜…2～3片（150g）
- A
  - 水…3大勺
  - 盐…1/2小勺
- B
  - 蛋黄酱…2大勺
  - 醋、白砂糖…各1小勺

做法

1 圆白菜去心，菜叶若较大，可以先平均切成两三片，再切成宽约为5mm的细丝。在菜丝中加入材料A拌匀，静置15分钟左右。

2 轻轻挤出水分，加入材料B并拌匀。

煎圆白菜

从菜心到外层菜叶一起切成较大的几瓣，炒到半熟的圆白菜拥有与众不同的风味。

材料（1人份）

- 圆白菜…1/8棵（150g）
- 色拉油…1小勺
- A
  - 味噌、白砂糖、醋、水…各1小勺

※ 请事先准备好炒菜铲。

做法

1 圆白菜切成两三个大小相同的块。

2 小号平底锅中倒入色拉油，中火加热，放入圆白菜煎约3分钟。

3 用铲子翻面，继续加热约3分钟。盛出后淋入混合好的材料A。

食材宝典 9

蘑菇

特点

蘑菇品种众多，其中金针菇、香菇和蟹味菇最常用。蘑菇比较容易做熟，味道也十分百搭。

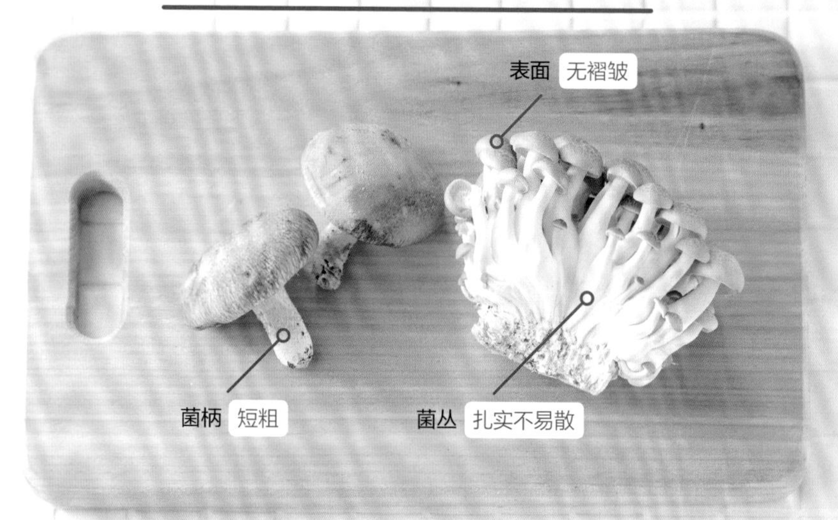

推荐料理方式

❶ 两种蘑菇混搭

蟹味菇、金针菇、香菇，每种蘑菇的口感和味道都不尽相同。混搭不同品种的蘑菇会让菜肴味道更有层次，也更显高级。

❷ 通过加热提鲜

蘑菇水分含量大，通过煎炒可以让水分蒸发，浓缩蘑菇中的鲜味。蘑菇内部构造类似海绵，因此它也很容易吸收汤汁和调味料。

更多料理知识

❶ 充分利用不同品种蘑菇的特性

蘑菇鲜味十足，不需要另外使用高汤调味。杏鲍菇口感类似鲍鱼，适合嫩煎。

❷ 与其他食材灵活搭配

蘑菇不仅可以与鱼类、肉类搭配，还可以和其他蔬菜一起烹饪，可谓百搭。

用保鲜膜包好后冷藏。如果有水分析出，就把蘑菇放在筛子上，放到室外自然晾干。蘑菇在冷冻状态下可以保存 1 个月左右，冷冻的蘑菇可以直接烹饪。

蘑菇
活用食谱

腌蘑菇

用盐调味的简单菜品，加入醋可以有效延长保质期，十分适合作为家里的常备小菜。

材料（适当分量）

- 蟹味菇、金针菇…共200g
- A
  - 香油…2大勺
  - 醋…1小勺
  - 盐…1/2小勺

做法

1 将蟹味菇分成小朵，金针菇分成宽3cm的小把，将材料A混合均匀。

2 在小号锅里加入3杯热水（材料外）煮沸，下入蘑菇煮2分钟左右。

3 捞出蘑菇后沥干水分，趁热加入材料A，腌渍入味。

黄油煎蘑菇

黄油和酱油与蘑菇搭配十分合适，一道美味的西式小菜。

材料（1人份）

- 蟹味菇、金针菇…共200g
- 色拉油、酱油…各1小勺
- 黄油…10g
- 香芹碎（根据个人喜好）…适量

做法

1 将所有蘑菇分成小朵。

2 将蘑菇铺在小号平底锅上，淋上色拉油，拌匀，中火加热。煎3分钟后翻面继续煎两三分钟。

3 放入切成小块的黄油，最后淋上酱油，翻炒1分钟左右。装盘，根据个人喜好撒上香芹碎。

鲜炒蘑菇

两种蘑菇混合，趁热浸在酱油高汤中，使其充分入味。

材料（适当分量）

- 蟹味菇、金针菇…共200g
- 色拉油…1小勺
- A
  - 酱油…2小勺
  - 鲣鱼片…1/2包（3g）
  - 水…3大勺
  - 盐…少许
- 辣椒粉（根据个人喜好）…少许

做法

1 将所有蘑菇分成小朵，材料A混合均匀。

2 将蘑菇放入小号平底锅中，淋上色拉油，拌匀，中火煎制3分钟左右，翻面继续煎三四分钟。

3 趁热加入材料A，腌渍入味，装盘后撒上辣椒粉。

食材宝典 10

豆腐

特点

价格浮动小，可以生食也可以熟食。嫩豆腐口感软嫩，老豆腐可以感受到原始的大豆风味。

嫩豆腐和老豆腐 保质期不长 ，建议选购一次可以吃完的分量

把豆腐 放在厨房纸巾上 就可以轻松沥干水分

除了老豆腐和嫩豆腐之外，还有保质期更长的 盒装豆腐

推荐料理方式

❶ 与半成品搭配

豆腐经常拿来与鲣鱼片和酱油一起搭配，做成凉拌豆腐。此外，豆腐还可以与榨菜、腌萝卜或小鱼干一起，做成地道的小菜。

❷ 压碎豆腐

豆腐可以直接压碎，拌进沙拉或加进汤里。用厨房纸巾包住豆腐压碎，可以轻松吸掉多余水分。

更多料理知识

❶ 老豆腐可以用在沙拉和炒菜里

老豆腐水分少、不易破碎，适合用在沙拉和炒菜里。

❷ 嫩豆腐可以用来制作豆腐汤和凉拌豆腐

嫩豆腐水分多、质地柔软。绵柔的口感是其最大的优点。

没有用完的豆腐要放在保鲜盒里，用水浸泡。豆腐极易变质，要尽早食用。

豆腐活用食谱

榨菜拌豆腐

榨菜的咸鲜味是整道菜的亮点，也可以用嫩豆腐制作。

材料（1 人份）

- 老豆腐（或嫩豆腐）…1/2 块（150g）
- 榨菜…10g
- 切末的小葱…3 根
- A
  - 香油、酱油、白砂糖…各 1 小勺
  - 辣椒油…1/2 小勺

做法

1 豆腐用手分成 6 等份，放在厨房纸巾上沥干水分，装盘。

2 将榨菜、小葱末与材料 A 混合拌匀，淋在豆腐上，将豆腐碾碎并搅拌均匀。

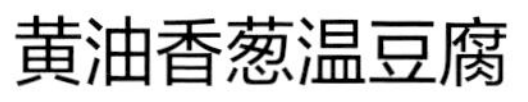

黄油香葱温豆腐

化开的黄油和豆腐是绝配，用嫩豆腐做也非常美味。

材料（1 人份）

- 老豆腐（或嫩豆腐）…1/2 块（150g）
- A
  - 黄油…10g
  - 酱油…1 小勺
  - 胡椒粉…少许
- 小葱末…适量

做法

1 豆腐一切为二，放入耐热容器中，将材料 A 倒在豆腐上。

2 不要盖保鲜膜，放入微波炉（600W）加热 1 分 30 秒 ~ 2 分钟，取出后撒上小葱末。

水菜拌豆腐

豆腐碾碎做成拌豆腐，推荐使用老豆腐。

材料（1 人份）

- 老豆腐…1/3 块（100g）
- 水菜…30g
- A
  - 味噌、白砂糖…各 1 小勺
  - 酱油…1/4 小勺

做法

1 豆腐用厨房纸巾包住，双手攥紧，把多余水分挤出。水菜切成长 4cm 的段。

2 将豆腐放入深碗，用勺子碾碎，加入材料 A，混合均匀。

3 加入水菜拌匀。

食材宝典 11

油豆腐

特点

油豆腐结构类似海绵，可以充分吸收其他食材的汁水和鲜味。

有提前 切成小块 的油豆腐

不同地方制作的油豆腐 厚度也不同

根据是否能塞馅，分为 中空油豆腐 和 实心油豆腐

推荐料理方式

❶ 用高汤炖煮

油豆腐经过油炸自带鲜味，经过炖煮可以释放出鲜美的汤汁。此外，油豆腐还可以在炖煮过程中吸收其他食材及高汤的味道。

❷ 煎

油豆腐水分少、油分多，经过煎制味道香脆，别有一番风味。油豆腐自带油分，煎制时无须另外加油。

更多料理知识

❶ 为料理增色

油豆腐与鸡肉、猪肉、蔬菜搭配都十分美味。料理中加入油豆腐，不仅可以加大菜量，还能让菜品更加鲜美。

❷ 可以不去油

可以直接使用。如果介意油分太大，可以用温水泡一下，去除油分。

每片单独用保鲜膜包好，放入冰箱，如果想要长时间保存，需要冷冻。冷冻状态下的油豆腐可以直接切块制作。

油豆腐活用食谱

油豆腐煮裙带菜

油豆腐可以吸收汤汁，口感松软。

材料（1人份）

- 油豆腐…1片
- A
  - 水…3/4杯
  - 酱油、味醂…各1/2大勺
- 干裙带菜…1大勺
- 鲣鱼片…1/2包（2g）

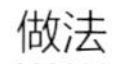

做法

1 油豆腐用温水清洗一下，切成8等份。

2 锅中加入材料A和油豆腐，中火加热。沸腾后转小火继续煮5分钟左右。

3 加入干裙带菜后搅拌一下，撒上鲣鱼片。

芝士火腿油豆腐包

在油豆腐中塞入火腿和芝士，口感外酥里嫩。

材料（1人份）

- 油豆腐…1片
- 火腿…2片
- 芝士片…2片

做法

1 油豆腐从中间片开。火腿和芝士片分别切两半，塞进油豆腐里。

2 将塞好馅的油豆腐放进小号平底锅，中火煎制三四分钟，变色后翻面，继续煎2分钟左右。

3 盛出后切成3等份。

香葱油豆腐

把油豆腐煎至香脆后切片，用香葱作为味道的亮点。

材料（1人份）

- 油豆腐…1片
- 香葱…30g（1/4根）
- A
  - 酱油、白砂糖、食醋…各1/2大勺

做法

1 将油豆腐放进小号平底锅中，中火煎制三四分钟。油豆腐变色后翻面，继续煎制2分钟左右。盛出后放在厨房纸巾上，切成约2cm见方的小块。

2 香葱切小圈。

3 在深碗中加入油豆腐和香葱，倒入材料A，搅拌均匀。

食材宝典 12

混合豆

特点

豌豆、扁豆和鹰嘴豆等混合。口感粒粒分明，富含膳食纤维。

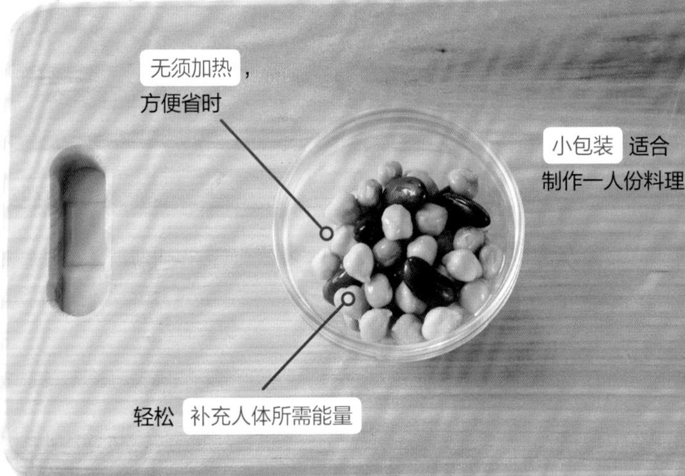

推荐料理方式

❶ 炒

虽然混合豆可以开袋即食，但经过翻炒，其口感会更加绵软。加热后混合豆更易与油和调味料拌匀，也更容易入味。

❷ 与米饭搭配

可以混入煮好的米饭里，也可以在开始做饭时就提前加入豆子。不仅可以为米饭增香，还能增加分量。

更多料理知识

❶ 轻松增加分量

混合豆粒粒分明，加在沙拉或凉拌菜里，可以明显增加菜品的分量。

❷ 为菜品增添色彩

混合豆可为色彩单调的菜品增添色彩。

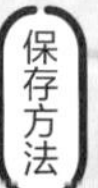

推荐使用小包装，一次用完。没用完的话直接保存在原本的小袋子里，放进冰箱冷藏，要尽快吃完。

混合豆活用食谱

混合豆沙拉

简单易做，加入调味料即可。加入粗粒芥末酱能为小菜增添亮点。

材料（适当分量）

- 混合豆…50g
- A
  - 粗粒芥末酱、橄榄油…各1小勺
  - 酱油…少许

做法

在混合豆里加入材料A，搅拌均匀。

豆饭

仅需把豆子拌入温热的米饭中，一道美味的豆饭就做好啦！

材料（1人份）

- 混合豆…50g
- 米饭…200g
- A
  - 番茄酱…2大勺
  - 黄油…5g
- 盐、胡椒粉…各少许

做法

在温热的米饭中拌入材料A，加入混合豆后搅拌均匀，最后撒盐和胡椒粉。

味噌炒豆

豆子十分适合与味噌一起烹饪，仅需简单加热后拌入调味料即可。

材料（适当分量）

- 混合豆…50g
- 香油…1/2小勺
- A
  - 水…1大勺
  - 味噌、白砂糖…各1小勺
  - 蒜泥…1/2小勺

做法

1 小号平底锅中倒入香油，中火加热2分钟左右，放入混合豆翻炒1分钟左右。

2 关火后倒入材料A拌匀，翻炒30秒左右，直至水分蒸发干。

专栏 1

尽量留出一定空间

有时会从亲戚朋友那里收到特产，有时突然想吃蛋糕。为这些平时不常吃的食品也留出一些空间吧。

最显眼的地方留给需要尽快吃完的东西

做好的小菜等需要尽快吃完的食物，和经常要用的食材建议放在最显眼、最好拿的地方（通常是第二层）。

鸡蛋尽量连盒子一起放在第一层或第二层

冰箱门开关时震动强烈，温度也不稳定，建议鸡蛋还是放在冰箱内的第一层或第二层。放在盒子里保存可以有效隔绝细菌。纳豆等保质期较短的食品建议放在醒目位置。

准备“早饭套装”

蜂蜜、果酱和酸奶等每天早上都会用到的食材一起放在托盘上，早上可以一起取出，更省事。

鱼类、肉类放在温度较低的下层

冰箱下层比上层温度低，后面比前面温度低。马上要做的生鲜食品建议放在下层的深处。芝士和泡菜也放在这里。

蔬菜放入蔬菜保鲜层

蔬菜要用厨房纸巾包上后装进保鲜袋，保持保鲜袋中有满满空气的状态，密封袋口，放入蔬菜保鲜层。细长的蔬菜尽量竖放，不要堆叠在一起。

易取放的冰箱功能划分法

冰箱冷藏室分层收纳

冰箱收纳管理十分重要，在理解冰箱功能和食材性质的基础上，严格遵循“需要冷藏的食材及时冷藏”的原则。另外，根据食材的种类和用途分类收纳，各种物品都会更加容易取放。

酱油和味噌一定要冷藏保存

富含水分的调味料接触空气后容易干燥并酸化，味道会变差。冰箱中无光且温度恒定，可以有效防止调味料的酸化和霉菌的繁殖。

用冰箱门上的架子存放调味料

冰箱门上的架子在门开关时震动强烈，温度也不够稳定，适合用来存放对环境要求不高的酱汁类调味料。

POINT

学习如何解决“忘记食材放在哪儿了”“忘记保质期”等问题。

技巧1

不要频繁更换食材

购买的食材尽量固定，根据种类分类收纳，更容易记住什么东西放在哪里。

技巧2

利用保鲜盒收纳

食材散放在冰箱里很容易找不到或者被遗忘。个体较小的食材放进保鲜盒收纳，更加容易拿取。

※ 以单人冰箱的格局为例

专栏 2

冰箱冷冻室真空收纳 保证低温

真空保存是冷冻室食材收纳的要点之一。不要怕麻烦，把食材分类，单独用保鲜膜包起来并挤出空气，放进有密封口的保鲜袋中保存吧。

POINT

- 真空状态下的食材更容易保鲜，也更容易冷冻或解冻。
- 装进保鲜袋里的食材呈板状，竖立摆放能够轻松确认里面的食材，减少冰箱开关时间（进一步保鲜）。
- 东西塞得越满越容易冷冻。

上层放质地柔软的食材

蘑菇、明太子、芝士等食材在达到冷冻状态之前质地柔软、不禁压，建议放在冷冻室上层的抽屉里。待食材冻硬后可以取出，竖立放入下层抽屉里。

食材装袋后挤出空气，用夹子密封

开封后的袋装蔬菜或面包糠等食材要挤出空气，把开口折叠起来，用夹子夹紧、密封（参考P136）。挤出空气可以延长保存时间。

鱼类、肉类放在温度较低的冷冻室深处

鱼类和肉类用保鲜膜密封成平整的板状。因其很容易变质，尽量放在冷冻室深处。

碳水化合物类放在最外面

油豆腐、米饭、面包和乌冬等碳水化合物比较容易冷冻，品质也不易受温度变化影响，建议放在靠近门口的地方。

干燥的食材要冷冻保存

鲣鱼片、虾米和海苔等干货很容易老化变质，冷冻保存可以减缓它们的老化速度。海带也不适合存放在有湿气的地方，建议冷冻保存。

※ 以单人冰箱的格局为例

小面积厨房的收纳 再小也不怕

只要厨具和调味料放对地方，厨房再小都不是问题。没有橱柜可以购置壁挂式置物架，轻松扩大厨房收纳空间。

白砂糖和粉类食材要远离水槽

白砂糖和粉类食材很容易吸水、受潮，千万不要放在水槽附近。建议放在橱柜里。

常用厨具放在显眼处

量勺、炒菜铲、筷子等常用厨具放在显眼的地方，这样可以有效提高做菜的效率。

案板架在水槽上

如果没有放置案板的空间，可以把案板架在水槽上使用。这种情况建议购买A4尺寸以上（参考P8）的案板。

油、盐、胡椒粉可以常温保存

装在玻璃瓶里的油、盐、胡椒粉耐热性较好，橱柜里放不下时可以放在灶台附近。

灶台下的空间不要浪费

小型一体式灶台可能没有隔板，可以自己选购置物架，有效利用这部分空间。

下水管道附近不要放置食材

下水管道附近温度、湿度不稳定，不适合放置食材。这里可以用来放置厨具、保鲜膜、锡纸等物品。

※ 以单人用厨房的格局为例

专栏 4

基础调味料的更多作用

一定要了解!

基础调味料不仅能够提味，还有更丰富的作用。让我们了解不同调味料的作用，享受下厨的乐趣吧!

【盐】

为食材提鲜

盐被称为“调味的基础”。学会熟练使用盐能够让厨艺飞速进步。盐有很多种类，初学者推荐使用“精制盐”。精制盐的氯化钠含量接近 100%，不含其他矿物质，因此也不会盖住食材本身的鲜味。如果炒菜时仅用盐一种调味料调味，建议使用粗盐或岩盐，其中富含的矿物质会使料理更有层次感。

使用、保存注意事项　盐容易吸水受潮，要放在干燥通风的地方保存。

【白砂糖】

软化食材

白砂糖不仅可以为菜肴增加甜味，还能锁住蛋白质中的水分，很适合用在肉类菜肴和鸡蛋料理中。此外，菜肴味道不协调时加入适量糖，还可以让味道变得更加温和。除了一般的精制白砂糖外，日式三温糖和蔗糖甜味更加醇厚。此外，白砂糖还能增添菜肴的色泽，让菜肴看起来更美味。

使用、保存注意事项　推荐初学者使用味道单纯的精制白砂糖。白砂糖容易吸水受潮，要放在密封容器中保存。

【酱油】

增香、提鲜

酱油由大豆、小麦、盐和曲霉菌发酵而成，鲜味十足。除了鲜味，酱油还含有 15% 的盐分，并且有淡淡的甜味，能为菜肴增香。日本料理中的酱油分为淡口酱油和浓口酱油，本书材料表中使用的一般为浓口酱油。

使用、保存注意事项

开封前避光、低温保存，开封后一定要冷藏保存。购买时建议选择1个月可以用完的量。

【味噌】

去腥、增鲜

味噌由大豆、大米、盐和曲霉菌发酵而成。味噌的原料与酱油类似，但成品水分含量少，鲜味更加浓郁。在菜肴中只需加入少许味噌，就会产生很强的效果。此外，味噌还能去除食材中的腥味。盐分含量为 13% 的信州味噌和仙台味噌比较受欢迎。多种味噌混用会带来更有层次感的味道。

使用、保存注意事项

放入冰箱冷藏保存。为了防止干燥，要把自带的纸膜盖好。

【醋】

让味道和口感更突出

醋由小麦或大米等材料制成，原料不同，醋的味道也有所不同。醋不仅可以用在沙拉和凉拌菜中，还可以在炒菜甚至油炸时使用。在烹饪的最后加入少许醋，可以给菜肴增添层次感。

使用、保存注意事项

谷物醋在日式、西式和中式菜肴中都可以使用。

专栏 5

酱油与味醂 1：1 使用，一定错不了！

酱油与味醂1：1配比，能做成日式料理的万能调味料。通过水量多少来控制盐分浓度，用这个公式可以做出绝大多数日式菜肴。

酱油：味醂：水	盐分浓度	对应料理
1：1：0	约 7.3%	●生姜烧 ●牛蒡丝
1：1：2	约 4%	●牛肉盖饭 ●寿喜烧酱汁
1：1：4	约 2.7%	●蘸面汁 ●土豆烧肉 ●筑前煮
1：1：6	约 2.1%	●水煮鱼 ●水煮干物
1：1：8	约 1.7%	●炒鸡肉 ●水煮根菜
1：1：10	约 1.4%	●汤锅 ●关东煮 ●烩饭

第3章

技巧宝典

许多人觉得一定要掌握许多料理方式后才能自己下厨，其实不然。

最开始只要跟着菜谱学习煎、炒、煮即可。仅靠这 3 种料理方式，我们就可以做出花样众多的美食。

通过不同料理方式的排列组合，眼前会呈现出无限可能。

拓展料理可能性

常见的料理方式

最常见的料理方式有煎、炒、煮3种。仅需在这3种方式的基础上多加一道工序，料理的可能性就大大增加了。

把煎制过的食材用高汤或酱料浸煮。这样烹饪出的菜肴能够拥有更加浓郁的滋味。

最简单的烹饪方式。可以用最简单的方式做出一道主菜，煎制过程中要掌握好火候，精确控制肉中水分和油脂的平衡，这是成功的核心。

掌握好煮的技术是下厨房的重要一步。鱼类等食材要开盖快煮，整鸡等食材要盖上盖子，小火焖煮。

肉类和蔬菜一起翻炒即为最常见的炒菜，此外还可以制作炒饭等主食。炒制时最重要的一点就是要根据易熟程度，把食材切成合适的大小。

学会炒菜后再试着把食材炖煮一下吧！土豆炖牛肉需要在翻炒后加入少许水炖煮，猪肉汤则需要在炒制后加入大量水慢煮。

本章使用说明

本章为大家介绍 7 种基本料理方式和食谱。对自己下厨还心里没底的初学者，一起从基础菜谱开始学习吧！即使食材和工序稍有不同，只要最终能顺利完成就达成了目标。在完成后，一起来挑战进阶菜谱吧！

① 严格遵守基础规范

用三四个步骤详细解说煎、炒、煮等基本料理法。这些步骤可以直接应用到后面的菜谱中。

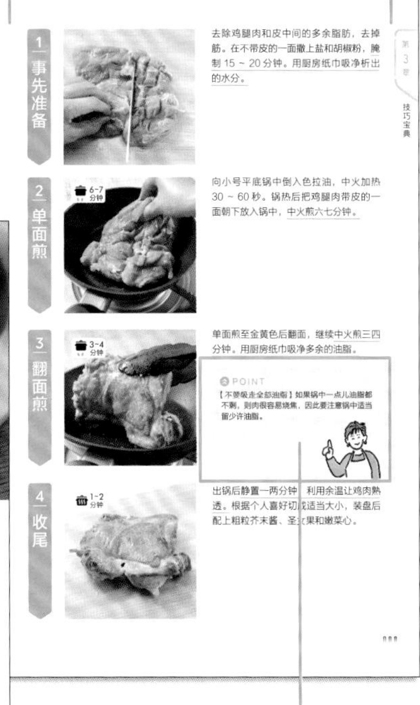

1 事先准备

去除鸡腿肉和皮中间的多余脂肪，去掉筋。在不带皮的一面撒上盐和胡椒粉，腌制 15 ~ 20 分钟。用厨房纸巾吸净析出的水分。

2 单面煎 6-7分钟

向小号平底锅中倒入色拉油，中火加热 30 ~ 60 秒。锅热后把鸡腿肉带皮的一面朝下放入锅中，中火煎六七分钟。

3 翻面煎 3-4分钟

单面煎至金黄色后翻面，继续中火煎三四分钟。用厨房纸巾吸净多余的油脂。

POINT

【不要吸走全部油脂】如果锅中一点儿油脂都不剩，则肉很容易烧焦，因此要注意锅中适当留少许油脂。

4 收尾 1-2分钟

出锅后静置一两分钟，利用余温让鸡肉熟透。根据个人喜好切成适当大小，装盘后配上粗粒芥末酱、圣女果和嫩菜心。

第 3 章 技巧宝典

嫩煎猪肉

使用炸猪排用的猪里脊肉，分量十足。酱汁中加入酸奶，口味更清爽。

材料（1 人份）

- 猪里脊肉（炸猪排用）…120g（1 块）
- 盐、胡椒粉……各少许
- [illegible]
- A
  - 蛋黄酱…1 大勺
  - 酸奶…1/2 大勺
  - 洋葱末…1/2 大勺
  - 盐…1/8 小勺
  - 蒜泥…少许
- 香芹碎、喜欢的蔬菜……各适量

※ 请事先准备好厨房纸巾和夹子（或炒菜铲）。

做法

1 | 事先准备

[illegible]把材料 A 混合均匀，制成酱汁。在猪里脊肉上每隔 1cm 划一道刀痕，以便入味。撒盐、胡椒粉和面粉。

2 | 单面煎

向小号平底锅中倒入色拉油，中火加热 30 ~ 60 秒。锅热后把猪里脊肉放入锅中，中火煎四五分钟。

3 | 翻面煎

单面煎至金黄色后翻面，继续中火煎 3 分钟左右。用厨房纸巾吸净多余的油脂。

4 | 收尾

装盘，淋上混合好的酱汁，撒上香芹碎，搭配自己喜欢的蔬菜。

094

② 提示要点、防止失败

对于容易犯错的地方，书中会有提示和原理解析，希望能够帮助大家有效避免失败。

③ 实践菜谱简单易做

只要学会前面的基础料理法，后面的菜谱就会变得非常简单、易上手。看似只学会了一种料理法，实则开辟了一整片料理天地。

技巧宝典 1

煎

煎是最简单的料理方法之一，只要经过合理的煎制，无论是鱼还是肉，都可以马上变身为一道气派的主菜。

嫩煎鸡腿

使用整块鸡腿肉烹饪而成，用中火煎至肉汁充盈是重点。

材料（1人份）

- 鸡腿肉…1块（250g）
- 盐…1/4小勺
- 胡椒粉…少许
- 色拉油…1小勺
- 粗粒芥末酱、圣女果、嫩菜心…各适量

※ 请事先准备好厨房纸巾和夹子（或炒菜铲）。

1 事先准备

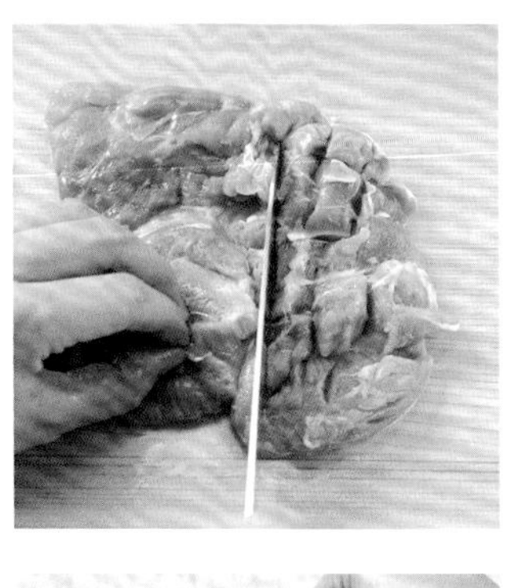

去除鸡腿肉和皮中间的多余脂肪，去掉筋。在不带皮的一面撒上盐和胡椒粉，腌制 15 ~ 20 分钟。用厨房纸巾吸净析出的水分。

2 单面煎

向小号平底锅中倒入色拉油，中火加热 30 ~ 60 秒。锅热后把鸡腿肉带皮的一面朝下放入锅中，中火煎六七分钟。

3 翻面煎

单面煎至金黄色后翻面，继续中火煎三四分钟。用厨房纸巾吸净多余的油脂。

POINT

【不要吸走全部油脂】如果锅中一点儿油脂都不剩，则肉很容易烧焦，因此要注意锅中适当留少许油脂。

4 收尾

出锅后静置 两分钟，利用余温让鸡肉熟透。根据个人喜好切成适当大小，装盘后配上粗粒芥末酱、圣女果和嫩菜心。

嫩煎猪肉

使用炸猪排用的猪里脊肉，分量十足。酱汁中加入酸奶，口味更清爽。

材料（1人份）

- 猪里脊肉（炸猪排用）…120g（1块）
- 盐、胡椒粉……各少许
- 色拉油、面粉…各1小勺
- A
  - 蛋黄酱…1大勺
  - 酸奶…1/2大勺
  - 洋葱末…1/2大勺
  - 盐…1/8小勺
  - 蒜泥…少许
- 香芹碎、喜欢的蔬菜……各适量

※ 请事先准备好厨房纸巾和夹子（或炒菜铲）。

做法

1 | 事先准备

猪里脊肉提前15分钟从冰箱中取出，回温期间把材料A混合均匀，制成酱汁。在猪里脊肉上每隔1cm划一道刀痕，以便入味。撒盐、胡椒粉和面粉。

2 | 单面煎

向小号平底锅中倒入色拉油，中火加热30～60秒。锅热后把猪里脊肉放入锅中，中火煎四五分钟。

3 | 翻面煎

单面煎至金黄色后翻面，继续中火煎3分钟左右。用厨房纸巾吸净多余的油脂。

4 | 收尾

装盘，淋上混合好的酱汁，撒上香芹碎，搭配自己喜欢的蔬菜。

嫩煎旗鱼

旗鱼肉质厚实，口感堪比牛肉、猪肉。仅用盐和胡椒粉调味，极简、美味。

材料（1 人份）

- 旗鱼…120g（1 块）
- 盐、黑胡椒碎…各 1/4 小勺
- 色拉油…2 小勺
- 柠檬、喜欢的蔬菜…各适量

※ 请事先准备好厨房纸巾和夹子（或炒菜铲）。

做法

1 | 事先准备

在旗鱼上撒盐和黑胡椒碎，常温下腌制 10 分钟左右。用厨房纸巾吸干析出的水分。

2 | 单面煎

向小号平底锅中倒入色拉油，中火加热 30 ~ 60 秒。锅热后把腌制好的旗鱼放入锅中，中火煎四五分钟。

3 | 翻面煎

单面煎至金黄色后翻面，继续中火煎两三分钟。用厨房纸巾吸净多余的水分和油脂。

4 | 收尾

装盘，搭配自己喜欢的蔬菜，根据喜好挤上柠檬汁。

煎
进阶食谱

香煎鸡翅

香酥的煎鸡翅包裹上咖喱粉和海苔，海苔的风味为鸡翅画龙点睛，成就了一道经典小菜。

材料

- 鸡翅…3个
- 土豆…100g（1/2个）
- A
  - 盐…1/3小勺
  - 咖喱粉…1/4小勺
  - 白砂糖…1小勺
  - 海苔…1/2小勺
  - 胡椒粉…少许
- 色拉油…2大勺

※ 请事先准备好厨房纸巾和夹子（或炒菜铲）。

做法

1 | 事先准备

用厨房纸巾吸干鸡翅上的水分，用剪刀贴着骨头剪开。土豆不用削皮，直接切成4等份，再分别一分为二[a]。

2 | 单面煎

向小号平底锅中倒入色拉油，中火加热30～60秒。锅热后把鸡翅和土豆放入锅中，中火煎七八分钟。

3 | 翻面煎

单面煎至金黄色后翻面[b]，继续中火煎5分钟左右至整体呈金黄色。将材料A混合均匀。

4 | 收尾

食材煎至酥脆、金黄后沥干油分，盛出装盘，倒入混合好的调味料并搅拌均匀。

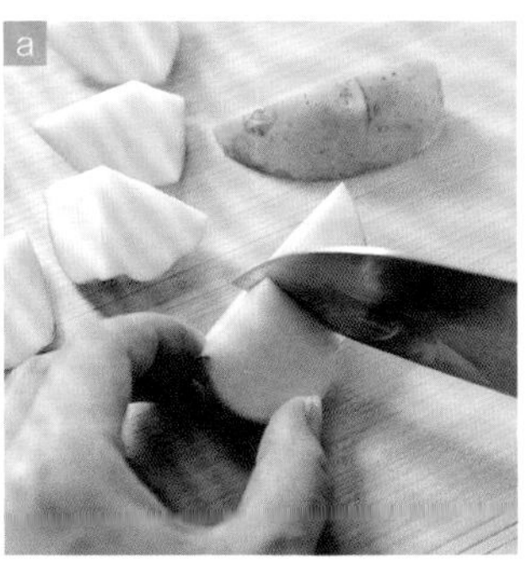
a

b

煎 + 浸煮

把食材煎熟后加入调味料浸煮。低温浸煮能充分激发食材的鲜味。

照烧鲕鱼

非常下饭的铁板料理，裹上面粉后煎制出来的鲕鱼更加容易入味，香气十足。

材料（1 人份）

- 鲕鱼…100g ~ 120g（1 块）
- 面粉、色拉油…各 2 小勺
- A
  - 水…2 大勺
  - 白砂糖…1 大勺
  - 酱油…2 小勺
- 白萝卜泥…适量
- 紫苏…1 片

※ 请事先准备好厨房纸巾、炒菜铲、筷子和勺子。

1 事先准备

用厨房纸巾吸干鱼块上的水分，常温放置10分钟左右回温。把材料 A 混合均匀。鱼块裹上面粉。

POINT

【吸干鱼身上的油脂和水分】下锅前用厨房纸巾轻压鱼肉，吸干多余的油脂和水分，能够有效去除鱼腥味。

2 单面煎

向小号平底锅中倒入色拉油，中火加热30秒。锅热后把鱼块放入锅中，中火煎三四分钟。侧面的鱼皮煎1分钟左右。

POINT

【立起鱼块煎鱼皮】煎鱼皮时用炒菜铲和筷子稳定鱼块，使有皮一侧朝下立在锅中。保持竖立状态煎1分钟左右。

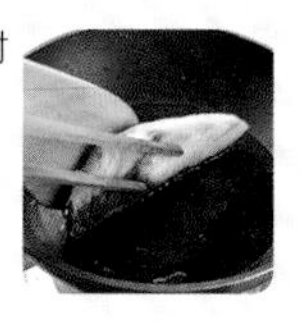

3 翻面煎

单面煎至金黄色后翻面，用厨房纸巾吸掉多余的油脂，关火后倒入材料 A。

POINT

【另一侧短时间煎制即可】因为之后还要浸煮，这时仅需煎熟一面，另一面简单煎一下即可。

4 浸煮

再次开中火，汤汁煮沸后一边慢慢搅拌一边浸煮1分钟左右。装盘，配上白萝卜泥和紫苏。

POINT

【浸煮时把汤汁淋在鲕鱼上】为了让鲕鱼更加入味，炖煮时可以不断用勺子舀起汤汁，淋在鲕鱼上。

照烧鸡块

大块鸡肉和青椒的搭配口感惊人，青椒留有少许子，同样美味。

材料（1 人份）

- 鸡腿肉…250g（1 块）
- 面粉…1 大勺
- 青椒…1 个
- A
  - 味醂…2 大勺
  - 酱油…1½ 大勺
- 色拉油……2 小勺

※ 请事先准备好厨房纸巾、筷子和炒菜铲。

做法

1 | 事先准备

鸡腿肉提前从冰箱中拿出来，静置 15 ~ 20 分钟回温。切除多余的脂肪并把筋切断，然后切成 4 等份。鸡肉裹上面粉，抖掉多余的面粉。青椒纵向一分为二，简单去子。

2 | 单面煎

向小号平底锅中倒入色拉油，中火加热 30 秒。锅热后把鸡腿肉带皮的一面朝下放入锅中，加入青椒。用炒菜铲轻压鸡肉，中火煎 5 分钟左右。用厨房纸巾吸干多余的油脂。青椒煎至变色后盛出、装盘。

3 | 翻面煎

用厨房纸巾吸掉多余油脂，将鸡腿肉翻面，倒入材料 A。

4 | 浸煮

浸煮两三分钟，待鸡腿肉充分上色，盛出后与青椒一起摆盘。

黄油柠香鲑鱼

在家也能做出餐厅佳肴的完美复制版。散发着柠檬清香的酱汁让菜肴整体口味清爽。

材料（1人份）

- 鲑鱼…120g（1块）
- A
  - 盐…1/4小勺
  - 胡椒粉…少许
- 面粉…1大勺
- 色拉油…2小勺
- B
  - 黄油…10g
  - 香芹碎…2小勺
  - 柠檬汁…1大勺
- 嫩菜心……适量

※ 请事先准备好厨房纸巾、筷子、炒菜铲和勺子。

做法

1 | 事先准备

鲑鱼上撒材料A，在室温下静置10分钟左右。用厨房纸巾吸干析出的水分，裹上面粉。

2 | 单面煎

向小号平底锅中倒入色拉油，中火加热30秒。锅热后把鲑鱼带皮一面朝下放入锅中。中火煎四五分钟至上色。用炒菜铲和筷子把鲑鱼立在锅中，鱼皮一侧朝下煎一两分钟。

3 | 翻面煎

翻面，关火。用厨房纸巾吸掉多余油脂。

4 | 浸煮

再次开中火，倒入材料B，用勺子舀起汤汁，淋在鲑鱼上，浸煮1分钟左右。盛盘，将锅中剩下的酱汁淋在鲑鱼上，搭配嫩菜心。

煎 + 浸煮
进阶食谱

浓烧汉堡排

煎制汉堡排时往往很难把握内部是否熟透。仅需加上浸煮的步骤，这一问题就迎刃而解了。直接用手制作肉饼不仅速度更快，还能让人感受到做菜者的心意。

材料（1人份）

A
- 混合肉馅…150g
- 洋葱…100g（1/2个）
- 面粉…1大勺
- 盐…1/4小勺
- 胡椒粉…少许

- 蟹味菇…50g（1/2包）
- 色拉油…1/2大勺

B
- 水…1/3杯
- 番茄酱…2大勺
- 伍斯特中浓酱…1大勺

- 香芹碎……适量

※ 混合肉馅要在冰箱中充分冷却。
※ 请事先准备好炒菜铲和锅盖。

做法

1 | 事先准备

洋葱切末，将材料A中所有食材放入大碗，用手快速搅拌[a]。搅拌1分钟左右，要注意不要让体温将肉馅中的油脂化开，尽量用指尖搅拌。搅拌均匀后在手上涂色拉油（材料外），团出肉饼，用手掌拍打20下左右[b]，将肉饼拍成光滑平整的椭圆形。

2 | 单面煎

向小号平底锅中倒入色拉油，中火加热30秒。锅热后把肉饼放入锅中，轻压中心使其贴合锅底。中火煎5分钟左右，煎至变色。将材料B混合均匀。

3 | 翻面煎

翻面，锅中加入蟹味菇，煎一两分钟。

4 | 浸煮

倒入材料B，盖上锅盖，小火浸煮七八分钟。装盘后撒香芹碎。

a

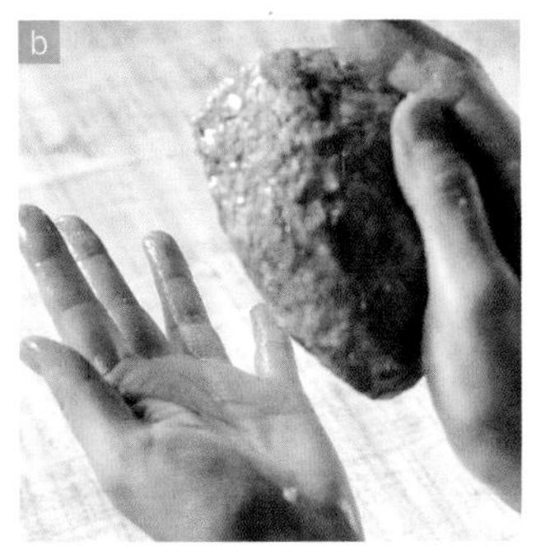

b

技巧宝典 3

炒

炒菜的诀窍就是要把所有食材都充分展开并炒匀。食材受热均匀、水汽充分蒸发，炒菜才是成功的。

炒胡萝卜牛蒡丝

酱油味的胡萝卜丝和牛蒡丝是下饭绝配。最初的煸能让食材更香且极具嚼劲。

材料（1 人份）

- 牛蒡…100g（1 小根）
- 胡萝卜…50g（1/3 根）
- 香油…2 小勺
- A
  - 味醂…2 大勺
  - 酱油…2 小勺
- 辣椒粉……适量

※ 请事先准备好厨房纸巾和筷子。

洗净牛蒡表皮上的污垢，先切成 5mm 厚的小片，再改刀成细丝，在水中浸泡 5 分钟，去除土腥味。胡萝卜去皮，切成与牛蒡一样的细丝。

POINT

【切成大小均匀的细丝】食材切成大小均一的尺寸，这样炒菜时所有食材都能均等受热。

向大号平底锅里加入香油，中火加热 2 分钟。菜丝用厨房纸巾吸干水分后下锅，煸炒 2 分钟左右。

POINT

【最初的2分钟不要翻动】食材下锅后的前2分钟不要翻动，让食材充分受热，翻炒后就很容易炒熟，炒出来的菜也不会水分过多。

用筷子翻炒 2 分钟左右，确认牛蒡熟透了。

把锅中间空出来，倒入材料 A，煮沸后继续用中火翻炒 1 分钟左右，让水分蒸发。装盘后撒上辣椒粉。

POINT

【从中间倒入液体调味料】把液体调味料倒在锅中间，能使其更快沸腾，蒸发水分，这样调味料能更好地包裹食材。

青椒炒茄子

青椒和茄子都十分适合与味噌搭配烹饪。将食材切成同等大小，方便控制火候。

材料（1 人份）

- 茄子…160g（2 根）
- 青椒…60g（2 个）
- 色拉油…1 大勺
- A
  - 水…2 大勺
  - 味噌…1.5 大勺
  - 白砂糖…1 大勺

※ 请事先准备好炒菜铲。

做法

1 | 事先准备

茄子去蒂、去皮，先纵向一切为二，然后斜切成约 2cm 宽的小片。青椒纵向一切为二，去子后斜切成约 2cm 宽的小片。

2 | 煸

向大号平底锅里加入色拉油，中火加热 2 分钟。倒入步骤 1 的食材，煸 3 分钟左右。

3 | 翻炒

用炒菜铲翻炒约 3 分钟。

4 | 调味、翻炒

茄子炒软后把锅中间空出来，将材料 A 混合均匀后倒入锅中，沸腾后中火继续翻炒一两分钟。

青椒肉丝

材料（1 人份）

- 薄切猪肉（里脊肉）…100g
- A
  - 酱油、香油…各 1/2 小勺
  - 淀粉…1 小勺
- 青椒…80g（2 ~ 3 个）
- 鲜香菇…2 朵
- 洋葱…50g（1/4 个）
- 色拉油…1/2 大勺
- B
  - 蚝油、水…各 2 小勺
  - 酱油…1/2 小勺

※ 请事先准备好炒菜铲和厨房纸巾。

做法

1 | 事先准备

猪肉切成约 6cm 长的丝，倒入材料 A，揉匀。青椒先纵向一切为二，去子后斜切成 1cm 宽的条。香菇去蒂后切成 5mm 厚的片。洋葱切成 5mm 厚的条。

2 | 煸

向大号平底锅里加入色拉油，中火加热 2 分钟。依次将猪肉和蔬菜下入锅中，煸 2 分钟左右。

3 | 翻炒

用炒菜铲翻炒一两分钟，炒至蔬菜变软。

4 | 调味、翻炒

蔬菜炒软后把中间空出来，将材料 B 混合均匀后倒入。沸腾后中火继续翻炒一两分钟。

炒
进阶食谱

番茄培根蘑菇炒蛋

加热后的番茄鲜味翻倍，培根也被激发出鲜味。最后加上少许辣味，点睛之笔。

材料（1人份）

- 培根…3片（60g）
- 蟹味菇…50g
- 番茄（小个）…100g（1个）
- 鸡蛋…2个
- 色拉油…1大勺
- A
  - 番茄酱…1大勺
  - 盐…少许
  - 辣椒酱（或辣椒油）…10滴

※ 请事先准备好炒菜铲。

做法

1 | 事先准备

培根切成4cm宽的片，蟹味菇分成小朵。番茄去蒂，切成6～8等份。鸡蛋打入碗中，用筷子搅打30～40下，打散蛋清。

2 | 煸

向大号平底锅里加入1/2大勺色拉油，中火加热2分钟。依次把培根、蟹味菇和番茄下锅，煸2分钟左右。

3 | 翻炒

翻炒1分钟左右，盛出所有食材。将材料A混合均匀。

4 | 调味、翻炒

锅中倒入剩余色拉油，中火加热。倒入蛋液，用炒菜铲划圈搅拌三四圈。炒蛋成形后倒回刚才盛出的食材，简单翻炒。倒入材料A，翻炒均匀。

芦笋虾仁炒蛋

弹性十足的虾仁搭配清爽的芦笋，最后加上松软的炒蛋，咸中透着丝丝甘甜，很下饭。

材料（1人份）

- 虾仁…100g
- 芦笋…80～100g（4～5根）
- 鸡蛋…2个
- A
  - 盐…少许
  - 白砂糖…1/2小勺
- 色拉油…1大勺
- B
  - 酱油、白砂糖…各1小勺
- 黑胡椒碎……少许

※ 请事先准备好炒菜铲。

做法

1 | 事先准备

用削皮刀刮掉芦笋根部较硬的部分，芦笋切成5cm长的段。鸡蛋打入碗中，用筷子搅打30～40下，加入材料A，搅拌均匀。

2 | 煸

向大号平底锅里加入1/2大勺色拉油，中火加热2分钟。把虾仁和芦笋放入锅中，煸2分钟左右。

3 | 翻炒

翻炒1分钟左右，盛出所有食材。把材料B混合均匀。

4 | 调味、翻炒

向锅中倒入剩余色拉油，中火加热。倒入蛋液，用炒菜铲划圈搅拌三四圈。炒蛋成形后倒回刚才盛出的食材，倒入材料B，翻炒均匀。最后撒上黑胡椒碎。

叉烧蛋炒饭

想要炒出粒粒分明的炒饭，重点就是要提前把蛋液和米饭混合均匀。
叉烧切大块一点儿，口感更佳。

材料（1人份）

- 凉米饭…200 ~ 250g
- 鸡蛋…1个
- 盐…少许
- 叉烧……50g
- 大葱…50g（1/2根）
- 色拉油…2小勺
- A
  - 蚝油、酱油…各1小勺
  - 胡椒粉…适量

※ 请事先准备好炒菜铲。

做法

1 | 事先准备

叉烧切成1cm见方的肉丁，大葱切小圈。在大碗中打入鸡蛋，打散后加入米饭，搅拌均匀。米饭均匀地包裹上蛋液后，加少许盐，搅拌均匀。

2 | 煸

向大号平底锅里倒入色拉油，中火加热2分钟。将叉烧和大葱放入锅中煸炒一两分钟。锅中间空出来，倒入米饭，翻炒2分钟左右。

3 | 翻炒

先翻炒1分钟，然后静置1分钟。这样重复三四次，炒饭就会变得粒粒分明。

4 | 调味、翻炒

划圈倒入材料A，中火翻炒至水分蒸发。

葱香肉末炒饭

肉馅能让炒饭香味翻倍。加入适量咖喱粉，熟悉的味道让人倍感亲切。

材料（1 人份）

- 凉米饭…200 ~ 250g
- 猪肉馅…100g
- 鸡蛋…1 个
- 色拉油…2 小勺
- 咖喱粉…1 小勺
- 小葱…15g（3 根）
- 盐、胡椒粉…各适量

※ 请事先准备好炒菜铲和厨房纸巾。

做法

1 | 事先准备

小葱切成葱花。在大碗中打入鸡蛋，打散后加入凉米饭，搅拌均匀。米饭均匀地包裹上蛋液后，加少许盐，搅拌均匀。

2 | 煸

向大号平底锅里倒入色拉油，中火加热 2 分钟。放入猪肉馅煸炒 1 分钟左右，炒散。用厨房纸巾吸掉多余的油脂。加入咖喱粉简单翻炒。倒入米饭，翻炒 2 分钟左右。

3 | 翻炒

先翻炒 1 分钟，然后静置 1 分钟。这样重复三四次，炒饭就会变得粒粒分明。

4 | 调味、翻炒

加盐和葱花，中火翻炒。最后根据自己的口味用盐和胡椒粉调节咸淡。

技巧宝典 4

快煮

使用“快煮”这一烹饪技巧时，不盖锅盖快速煮熟是关键。
使用稳定的中火，控制水分蒸发的速度。

牛肉煮豆腐

煮的过程中不断在豆腐上浇淋汤汁，这样能使豆腐色泽更佳。此类菜肴一次制作较大分量会更加美味。

材料（适当分量）

- 牛肉片…150g
- A
  - 酱油…1½ 大勺
  - 白砂糖…1 大勺
- 豆腐…300g（1 块）
- 大葱…50g（1/2 根）
- B
  - 水…1/2 杯
  - 味醂…2 大勺
- 辣椒粉（根据个人喜好）…适量

※ 请事先准备好勺子。

豆腐切成4等份。大葱斜切成宽1cm的葱段。牛肉片放入碗中，加入材料A揉匀。

POINT

【根据食材的易熟程度调整大小】牛肉、豆腐、蔬菜的易熟程度各不相同，需要控制食材的大小和调整下锅时机。

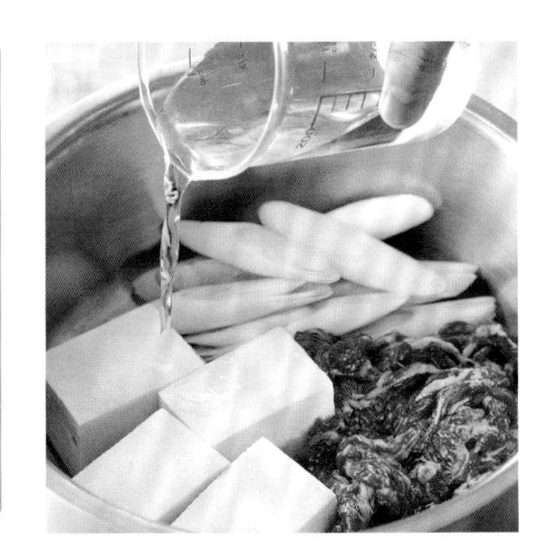

锅中加入葱段和豆腐，放入牛肉片，倒入材料B后开中火加热。

POINT

【保持中火】始终保持中火，不要改变火力。稳定的中火能够让水分蒸发，使食材味道全都凝结在汤汁中。

汤汁沸腾后，一边用勺子舀起汤汁淋在豆腐上，一边煮8分钟左右。盛出装盘，根据个人喜好撒上辣椒粉。

POINT

【不要盖锅盖】要让汤汁温度稳定在80℃左右，因此制作过程中不要盖锅盖。这样制作出的菜肴肉质软嫩、汤汁浓郁。

快煮鲽鱼

适合一次做 2 人份。在汤汁中加入味醂可以有效防止汤汁温度过高，从而做出鲜嫩的鱼肉。

材料（适当分量）

- 鲽鱼…2 块（约 250g）
- 姜…10g（1 块）
- 小葱…30g
- A
  - 水…1/2 杯
  - 味醂、酱油、白砂糖…各 2 大勺

※ 请事先准备好湿润的厨房纸巾和汤勺。

做法

1 | 事先准备

在鲽鱼表面用刀划一道口子。用勺子刮掉姜皮，切薄片。小葱切成约 6cm 长的段。

2 | 下锅

将鲽鱼放入小号平底锅中，加入材料 A，中火加热，汤汁沸腾后加姜片。

3 | 快煮

在鲽鱼上盖一层湿润的厨房纸巾，一边用勺子舀起汤汁淋在鱼肉上，一边中火快煮七八分钟。取下厨房纸巾，加入小葱，加热片刻后出锅。

五花肉泡菜锅

泡菜锅不需要专门的汤底即可烹饪。通过控制白菜帮和白菜叶的下锅时间，可以让白菜各个部位的口感都达到最佳状态。

材料（适当分量）

- 猪五花肉片…150g
- 白菜…200g（1/8 棵）
- 泡菜…80g
- A
  - 水…1½ 杯
  - 味噌…1 大勺
  - 蒜泥…1 大勺（15g）
  - 酱油…2 小勺

※ 请事先准备好筷子（或炒菜铲）。

做法

1 | 事先准备

猪五花肉片切成约 7cm 长的段。白菜分开菜帮和菜叶，菜帮切成宽 3cm、长 6cm 的块，菜叶手撕成适当大小。

2 | 下锅

小号平底锅中加入材料 A，中火加热。汤汁沸腾后加入猪五花肉片。

3 | 快煮

猪五花肉片变色后加入白菜帮和泡菜，一边翻动一边煮三四分钟。最后加入白菜叶，煮 1 分钟左右，关火出锅。

快煮
进阶食谱

杂鱼煮小松菜

使用小松菜烹饪而成的经典菜肴，最后加入杂鱼，鲜味倍增。

材料（适当分量）

- 小松菜…150g（5 ~ 6 棵）
- 小白鱼干…2 大勺（10g）
- A
  - 水…1 杯
  - 味醂…2 大勺
  - 酱油…1½ 大勺

※ 请事先准备好筷子。

做法

1 | 事先准备

小松菜切掉根部，切成 7cm 长的段。

2 | 下锅

锅中倒入材料 A，中火煮沸后加入小松菜。

3 | 快煮

煮两三分钟后用筷子翻动一下，加入小白鱼干。继续煮 30 秒左右，关火，盛出装盘。

竹轮芦笋

充分吸收各种调味料的竹轮是菜肴鲜美的关键。芦笋的清爽口感更是亮点。

材料（适当分量）

- 芦笋…80 ~ 100g（4 ~ 5 根）
- 竹轮…2 根
- A
  - 水…3/4 杯
  - 味醂…1½ 大勺
  - 酱油…1 小勺
  - 盐……1/4 小勺
- 鲣鱼片…1 撮

※ 请事先准备好筷子。

做法

1 | 事先准备

用削皮器削掉芦笋根部较硬的部分，每根切成 3 等份。竹轮斜切成 2cm 宽的小圈。

2 | 下锅

锅中倒入材料 A，中火煮沸后加入芦笋和竹轮。

3 | 快煮

煮四五分钟后用筷子翻动，关火盛出。最后撒上鲣鱼片。

技巧宝典 5

焖煮

想要让大块的蔬菜和肉充分入味，就要在烹饪过程中盖上盖子进行焖煮了。小火焖煮后利用余温继续加热，是烹饪美味的秘诀。

焖南瓜

个头较大的南瓜在烹饪时需要把皮削薄，使其更易熟透。简单却美味无比的家常菜。

材料（2人份）

- 南瓜…250g（1/4个）
- A
  - 水…1/2杯
  - 白砂糖…2大勺
  - 酱油…1大勺

※ 请事先准备好湿润的厨房纸巾和锅盖。

1 事先准备

南瓜去子，切成约4cm见方的小块，用菜刀把皮厚的地方削掉。

POINT

【块切得大一些】这道菜需要长时间焖煮，南瓜切得过小容易烂。

2 下锅

锅中倒入材料A，中火煮沸后将南瓜带皮一侧朝下放入锅中。

3 焖煮

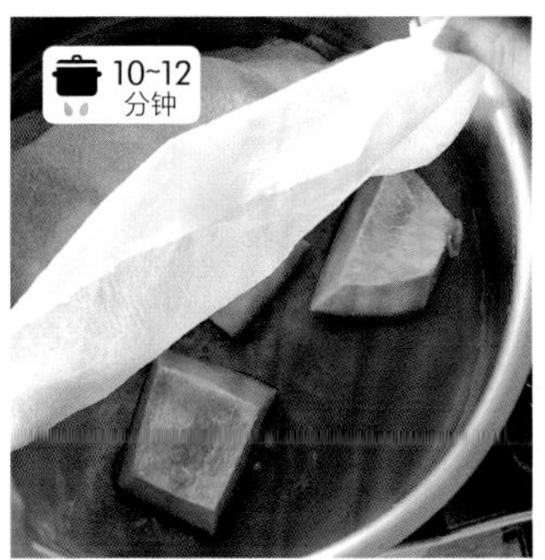

汤汁再次沸腾后，在南瓜上盖一层湿润的厨房纸巾，盖上盖子，小火焖煮10～12分钟。

POINT

【盖一层湿润的厨房纸巾】湿润的厨房纸巾能够锁住调味料，也能有效提高焖煮效率。

4 用余温闷

关火后用余温闷10分钟。

POINT

【利用余温低温烹饪】最后使用余温加热，能使锅内温度慢慢降低，防止食材变烂。此外，这一步还能让食材更加入味。

焖煮鹿尾菜

家中常备的小菜。仅需把食材一股脑倒进锅里即可，简单快手。

材料（适当分量）

- 干鹿尾菜…15g（泡发后约 100g）
- 混合豆…50g
- 胡萝卜…50g（1/3 根）
- A
  - 水…1/2 杯
  - 酱油…1.5 大勺
  - 白砂糖、味醂…各 1 大勺
  - 芝麻油…1 小勺

※ 请事先准备好炒菜铲、湿润的厨房纸巾和锅盖。

做法

1 | 事先准备

干鹿尾菜洗净后在水中浸泡 10 分钟，泡发后沥干水分。胡萝卜去皮后切成约 3mm 厚的十字片。

2 | 下锅

向小号锅中加入材料 A，中火加热。煮沸后加入鹿尾菜、胡萝卜和混合豆，用炒菜铲翻炒。

3 | 焖煮

汤汁再次沸腾后盖上一层湿润的厨房纸巾，盖上锅盖后小火焖煮 15 分钟左右。

4 | 用余温闷

待汤汁浓稠后关火，用余温闷 10 分钟左右。

盐煮萝卜鸡肉

鸡肉和白萝卜的健康组合，白萝卜去皮后更加容易入味。

材料（适当分量）

- 鸡腿肉…1 块（250g）
- A
  - 酱油…2 小勺
  - 淀粉…1 小勺
- 白萝卜…300g（1/3 根）
- B
  - 水…1 杯
  - 盐…1/2 小勺
  - 味醂…1 大勺
- 香油…1/2 小勺
- 水菜、芥末（根据个人喜好）…各适量

※ 请事先准备好湿润的厨房纸巾和锅盖。

做法

1 | 事先准备

鸡腿肉去除多余脂肪，切成 6 等份，倒入材料 A 揉匀。白萝卜去皮后切成 2cm 厚的半圆片。

2 | 下锅

向小号锅中加入白萝卜和材料 B，中火加热，煮沸后加入鸡肉。

3 | 焖煮

汤汁再次沸腾后盖上湿润的厨房纸巾，盖上锅盖，小火焖煮 12 分钟左右。

4 | 用余温闷

关火后淋上香油，再次盖上锅盖，用余温闷 10 分钟左右。盛出后配上水菜，根据个人喜好还可以搭配芥末。

焖煮

进阶食谱

香肠土豆圆白菜

在焖煮的基础上加入橄榄油，能够最大限度地激发出蔬菜的甘甜和肉类的鲜美。切圆白菜时从菜心下刀，叶子就不会全部散开了。

材料（1人份）

- 圆白菜…250g（约1/4个）
- 土豆…150g（1个）
- 香肠…5～6根
- A
  - 水…1/3杯
  - 橄榄油…2大勺
  - 盐…1/2小勺
- 柠檬…1/4个

※ 请事先准备好锅盖。

做法

1 | 事先准备

圆白菜从菜心部分下刀，切成两半。土豆洗净，连皮一起切成1cm厚的片[a]。将材料A混合均匀。

2 | 下锅

锅中放入圆白菜、土豆和香肠，转着圈倒入材料A[b]。盖上锅盖，中火加热。

3 | 焖煮

汤汁沸腾后改小火，继续焖煮15分钟左右。

4 | 用余温闷

关火后用余温闷10分钟左右。盛出后配上柠檬。

a

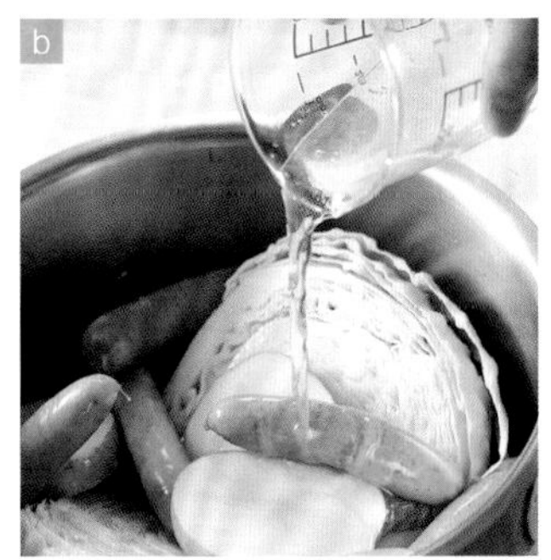
b

技巧宝典 6

炒 + 炖煮

食材经过提前炒制，鲜味被激发出来，也更加不容易被煮烂。烹饪过程中可以通过虚掩锅盖或完全盖上锅盖来控制火候。

土豆炖牛肉

经典的家常菜。先放入不易熟的食材，以便一同控制不同食材的火候。这样做出的料理无论是外观还是味道都会更加完美。

材料（适当分量）

- 薄切牛肉（或薄切猪肉）…100g
- A
  - 白砂糖…2 小勺
  - 酱油…1 小勺
- 去皮土豆…350g（2 ~ 3 个）
- 洋葱…100g（1/2 个）
- 胡萝卜…50g（1/3 根）
- 色拉油…1 大勺
- 水…1 杯
- B
  - 味醂、酱油、白砂糖…各 2 大勺

※ 请事先准备好筷子、湿润的厨房纸巾和锅盖。

1 事先准备

牛肉切成 7cm 长的条，倒入材料 A 拌匀。去皮土豆切成三四块，在水中浸泡 5 分钟。洋葱切成 6 块扇形块，胡萝卜去皮，切成约 1cm 厚的半圆片。把材料 B 混合均匀。

POINT

【清水浸泡土豆】土豆表面有许多淀粉，直接下锅制作会使汤汁变黏稠，食材不易煮熟，也不容易入味。

锅中倒入色拉油，中火加热 2 分钟左右。土豆沥干水分，和胡萝卜一起下锅翻炒 2 分钟左右。加入洋葱翻炒一两分钟。所有食材翻炒均匀后，放入牛肉继续翻炒一两分钟。

POINT

【通过翻炒防止炖烂】先用足量油翻炒，不仅能激发出食材的鲜味，还能防止食材被炖烂。

牛肉变色后加入清水，大火煮沸后撇去浮沫，倒入材料 B。

POINT

【把浮沫聚拢后撇掉】先用勺子把浮沫都聚集到一处之后再撇去。这样不仅效率更高，还能有效防止舀出更多水。

汤水再次沸腾后，把湿润的厨房用纸盖在食材上，虚掩着盖上锅盖，小火炖煮 15 分钟左右。关火，取下锅盖，用余温闷 10 分钟左右。

POINT

【同时盖上湿润的厨房用纸和锅盖】在食材上覆盖湿润的厨房用纸，不仅可以吸附浮沫，还能让食材的味道更加均匀。同时虚掩着盖上锅盖，能有效防止锅内温度过高。

筑前煮

裹上了面粉的鸡肉口感更加鲜嫩多汁。炖煮时虚掩锅盖能够更加高效地收汁。

材料（适当分量）

- 鸡腿肉…250g（1 块）
- 面粉…1 大勺
- 鲜香菇…3 朵
- 魔芋…150g（1/2 块）
- 牛蒡…80g（1/2 根）
- 胡萝卜…80g（1/2 根）
- 香油…1 大勺
- 水…1 杯
- A
  - 酱油…3 大勺
  - 白砂糖…2 大勺

※ 请事先准备好炒菜铲、湿润的厨房纸巾和锅盖。

做法

1 | 事先准备

鸡腿肉去除皮和肉之间多余的脂肪，切成 8 等份。鲜香菇去柄，纵向一切为二。牛蒡洗净并用勺子刮掉污渍，切成 6cm 长的段，在清水中浸泡 5 分钟左右。胡萝卜去皮后切成适口大小。魔芋手撕成适口大小，用开水煮 2 分钟后捞出，沥干水分。

2 | 炒

大号锅中倒入 1/2 大勺香油，中火加热。鸡腿肉用面粉裹好后下锅，煎两三分钟后翻面，再煎 2 分钟左右，盛出备用。锅中放入剩余香油，加入牛蒡和胡萝卜翻炒 2 分钟。最后加入魔芋，翻炒两三分钟。

3 | 炖煮

加入香菇和盛出的鸡腿肉，倒水炖煮，撇净浮沫后加入材料 A，煮沸后在食材上盖上湿润的厨房纸巾，改小火，虚掩锅盖慢炖 20 分钟左右。关火，盖好锅盖，用余温再闷 10 分钟。

简化版俄罗斯牛肉饭

用手头常见的调味料即可完成的简化版俄罗斯牛肉饭，不加锅盖煮是让汤汁浓郁的诀窍。

材料（适当分量）

- 薄切牛肉…150g
- A
  - 盐…1/4 小勺
  - 胡椒粉…少许
  - 面粉…1 大勺
- 洋葱 100g（1/2 个）
- 蘑菇罐头（切片蘑菇）…50g
- 色拉油…1 大勺
- 水…2/3 杯
- B
  - 番茄酱、中浓酱…各 3 大勺
- 牛奶…1/2 杯
- 米饭、香芹碎…各适量

※ 请事先准备好炒菜铲和锅盖。

做法

1 | 事先准备

将薄切牛肉切成适口大小，依次撒上材料 A 中的调料。洋葱切成 8mm 宽的薄片。

2 | 炒

小号平底锅中加入色拉油，中火加热约 2 分钟。倒入洋葱翻炒两三分钟，将洋葱炒软。

3 | 炖煮

加入牛肉和材料 B 翻炒，待牛肉微微变色后加水和蘑菇，炖煮 5 分钟左右。加入牛奶后稍微减小火力，继续炖煮 5 分钟左右，关火。盛出后盖在米饭上，最后撒上香芹碎。

技巧宝典 7

炒＋慢煮

炒过的食材再慢煮，即使不另外加高汤也能拥有鲜美的味道。不盖锅盖，让水分蒸发是美味的关键。

猪肉汤

食材分量满满，炒制过程中激发出的鲜香能充分融入汤汁中。

材料（适当分量）

- 薄切猪肉…100g
- 白萝卜…150g（1/6 根）
- 胡萝卜…30g（1/5 根）
- 牛蒡…50g（1/3 根）
- 鲜香菇…3 朵
- 香油…1 大勺
- 水…3 杯
- 酱油…1 大勺
- 味噌…2 ~ 3 大勺
- 大葱、辣椒粉…各适量

※ 请事先准备好炒菜铲和大汤勺。

1 事先准备

将薄切猪肉切成5cm长的片，白萝卜和胡萝卜去皮后切成8mm厚的扇形片。牛蒡洗净污垢，纵向一切为二后斜着切片，用清水浸泡5分钟左右。香菇切成5mm厚的片。大葱切小圈。

2 炒

锅中加入香油，中火加热2分钟左右。牛蒡沥干水分后下锅翻炒1分钟左右。依次加入白萝卜、胡萝卜和香菇，翻炒三四分钟。

POINT

【充分翻炒】先用油充分翻炒，这样可以激发出食材中的鲜味，让之后的汤汁更加香气扑鼻。

食材翻炒均匀且白萝卜变得晶莹剔透后加入猪肉，继续翻炒。猪肉开始变色时倒水。

POINT

【不要盖锅盖】不盖锅盖能让水分蒸发，使汤汁更加浓郁。

3 慢煮

沸腾后撇去浮沫，加入酱油后改小火慢煮15分钟。加入味噌，继续煮两三分钟。盛出后撒上葱花和辣椒粉。

POINT

【将味噌溶入汤汁】用盛有味噌的大汤勺在汤汁中搅拌，让味噌慢慢在汤汁里化开。

意式蔬菜汤

意式蔬菜汤的重点就是番茄的香甜。为了保持食材的口感，建议把土豆和番茄切大块。

材料（适当分量）

- 土豆…150g（1个）
- 洋葱（小个）…80g（1/2个）
- 胡萝卜…50g（1/3根）
- 蒜…1瓣
- 盐…1/2小勺
- 色拉油…2小勺
- 培根…3片（60g）
- 番茄（大个）…200g（1个）
- A
  - 番茄酱…1大勺
  - 水…2½杯
- 黑胡椒碎……1撮

※ 请事先准备好炒菜铲和大汤勺。

做法

1 | 事先准备

土豆去皮后切成1.5cm见方的块，用清水浸泡。洋葱和胡萝卜去皮后切成1cm见方的小块。蒜一切为二后切末。培根切成1cm宽的片。番茄去蒂，切成2cm见方的块。

2 | 炒

锅里放入色拉油和蒜末，中火加热1分钟。蒜末爆香后依次加入沥干水分的土豆、洋葱和胡萝卜，撒盐后翻炒四五分钟。加入番茄翻炒2分钟左右，加入培根简单翻炒，最后加入材料A。

3 | 慢煮

煮沸后撇去浮沫，小火慢煮约12分钟至土豆软烂。盛出后撒黑胡椒碎。

咖喱饭

一起来用咖喱粉制作最正宗的咖喱饭吧！番茄汁和酸奶能让味道更加柔和。

材料（适当分量）

- 猪肉片…150g
- 胡萝卜…250g（1～2根）
- 土豆 50g（1/3个）
- 洋葱…200g（1个）
- 色拉油…2大勺
- A
  - 原味酸奶…1/3杯
  - 蒜泥…1大勺（15g）
  - 白砂糖…2小勺
  - 姜泥、咖喱粉…各1小勺（或生姜碎15g）
  - 盐…1/2小勺
  - 胡椒粉…少许
- B
  - 面粉…2大勺
  - 咖喱粉…1大勺
- C
  - 水…2杯
  - 盐…2/3小勺
- 番茄汁（无盐）…1/2杯
- 盐、胡椒粉、米饭…各适量

※ 请事先准备好木铲和大汤勺。

做法

1 | 事先准备

猪肉片中加入材料A，揉匀。土豆去皮后切成2cm左右见方的块，用清水浸泡。胡萝卜去皮，切成约5mm厚的半圆片。洋葱先一切为二，一半切成薄片，另一半切成均等的4瓣。

2 | 炒

锅中倒入色拉油，中火加热。加入洋葱薄片翻炒两三分钟。倒入材料B，不停翻炒，避免炒焦。

3 | 慢煮

关火后少量多次加入材料C，搅拌均匀。再次开中火，煮沸后加入土豆、胡萝卜和洋葱块，稍微减小火力慢煮12分钟，其间不时搅动食材。加入猪肉片和番茄汁，煮沸后撇去浮沫。改小火，虚掩着盖上锅盖，慢煮15分钟左右。加盐和胡椒粉调味，盛出淋在米饭上。

初学者也不会失败！

油焖

油焖看起来难度很高，其实初学者也很容易掌握。开火后只需要放着就好，也不用担心食材变老、变焦。油吸收了各种食材味道的精华。

推荐油焖的理由

- 加热过程中无须翻动食材，放在那里就好。
- 油能够充分包裹食材，不会出现食材烧焦的情况。
- 做出的菜品可以长时间保存（在冰箱里可以保存 1 周左右）。

步骤 1

将切好的食材放入锅中，倒入油和调味料，中火加热。

步骤 2

沸腾后盖上锅盖，继续小火焖煮。

蘑菇沸腾虾

鲜虾在橄榄油的包裹下肉质鲜嫩、弹性十足。橄榄油吸收了鲜虾和蘑菇味道的精华。

材料（适当分量）

- 虾仁…100g
- 杏鲍菇（或口蘑）…100g
- 蒜…10g（1瓣）
- A
  - 盐…1/2小勺
  - 辣椒粉（或咖喱粉）…1小勺
- 橄榄油…5大勺
- 香芹碎（根据个人喜好）…1撮
- 法棍面包（根据个人喜好）…适量

做法

1 杏鲍菇先横向一分为二，然后切成两三片。蒜一切为二，去心后切成薄片。

2 在小号平底锅中铺好虾仁、杏鲍菇和蒜，撒入材料A拌匀，倒入橄榄油后开中火加热。

3 沸腾后盖上锅盖，改小火继续焖五六分钟。关火后根据个人喜好撒上香芹碎，搭配法棍面包。

柠香旗鱼

散发着清新柠檬香味的油浸旗鱼，盖上锅盖焖煮出来的旗鱼口感绵软。

材料（适当分量）

- 旗鱼…300g（3 块）
- 盐…1 小勺
- 洋葱…100g（1/2 个）
- 柠檬…2 片
- 干红辣椒…1 个（或少许辣椒粉）
- A
  - 橄榄油…1/2 杯
  - 水…1/4 杯

做法

1 旗鱼切成两三份，撒盐。洋葱切薄片。

2 在小号平底锅里铺好洋葱，上面放旗鱼，再放入柠檬片和撕成小块的干红辣椒。倒入材料 A，盖上锅盖后中火加热。

3 沸腾后改小火，继续焖煮 12 ~ 15 分钟。关火，静置冷却。

油焖土豆胡萝卜

根茎类蔬菜非常适合油焖。可以将油焖后的食材在平底锅里煎至酥脆，也可以压碎后做成沙拉。

材料（适当分量）

- 土豆…250 ~ 300g（2个）
- 胡萝卜…80g（1/2根）
- 盐…1/4小勺
- A
  - 酱油…2小勺
  - 咖喱粉…1小勺
- 橄榄油…1/2杯

做法

1 土豆去皮，切成约3cm见方的块，在清水中浸泡5分钟。胡萝卜去皮后切成约2cm见方的块。

2 锅中加入沥干水分的土豆和胡萝卜，撒盐拌匀。倒入橄榄油，中火加热。

3 沸腾后依次加入材料A，搅拌均匀后盖上锅盖，小火焖煮15分钟左右。

POINT

【用竹签确认食材是否熟透】若用竹签能够轻易戳入，则表明食材已经熟透。

专栏 6

大米、面包、干面条的保存方法

让美味更持久

主食可以按照使用天数定量购买。使用正确的保存方法，让食材像新买来时一样美味。

【大米】

保存技巧

挤出空气后用夹子夹紧

成袋的大米可以直接在米袋里保存。为防止大米受潮，要挤出袋中空气，把袋口卷好后用夹子紧紧夹住，放在 10℃左右的阴暗处保存（夏天放入冰箱保存）。

做好的米饭没吃完怎么办？

将米饭按一次的食用量分成份，趁热用保鲜膜包好，放凉后放入冷冻室保存。

【干面条】

保存技巧

隔离空气保存

干面条非常怕受潮。和大米一样，挤出袋中空气，把袋口卷好后用夹子紧紧夹住。还可以直接使用意面保存盒保存。

【面包】

保存技巧

逐片用保鲜膜包好

面包很容易变质，建议放入冷冻室中保存。冷冻保存容易让水分流失，因此要用保鲜膜把每片面包分别包好，然后放入塑料袋冷冻。这样处理过的面包可以保存一个月之久。

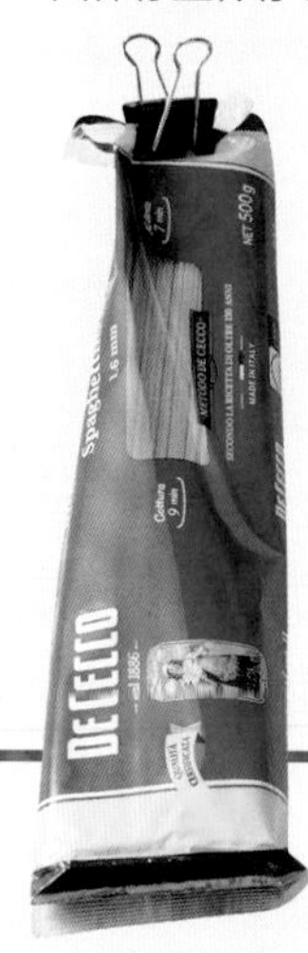

第 4 章

电饭锅宝典

平凡的电饭锅其实大有用处。肉类和蔬菜与大米一起放入锅中，只要按下煮饭键，就可以同时制作出米饭和菜肴。这样一举多得的方式，是不是很适合忙碌的你呢？

从美味的白米饭开始

大米是非常脆弱的食材，轻柔地淘洗，大米做出来会更加美味。

1 淘洗

在过滤网里放入大米，浸入接满水的水盆中。换水，再次把过滤网浸入水中，两手轻轻摇晃 10 次左右。再换水，重复以上动作。

POINT

【动作要轻柔】第一次先简单淘洗大米上的浮粉，之后再仔细淘洗。

2 沥干水分

晃动过滤网，抖掉多余水分，盖上保鲜膜静置 30 分钟左右。

POINT

【沥干多余水分】大米会不断吸水，因此要沥干多余的水分，仅让其吸收表面残留的水分。

3 煮饭

在电饭锅中加入和大米等量或稍多出 2 成的清水，按下煮饭键。

※ 煮饭要用冷水，夏季可以加入几块冰（1 杯米加一两块冰）。
※ 以上是普通米的烹饪方法，不适用于免淘米。
※ 保存方法参照 P136。

不仅仅是煮饭！
让下厨更轻松的电饭锅宝典

按下煮饭键即可

电饭锅的最大魅力就是只需要按下煮饭键，之后就什么都不用做了。在煮饭时另外加入蔬菜、鱼类和肉类，就可以用最简单的方法做出一顿丰盛大餐。

食材的鲜味会融入饭中

煮饭期间，电饭锅中的高压状态与高压锅类似。使用电饭锅烹饪，能浓缩食材的鲜味，并让鲜味融入米饭中。

每次多做一点儿

煮米饭时量多一点儿会更好吃。吃不完的米饭分成每份100g，趁热用保鲜膜包起来，冷冻保存。将米饭整理成薄片状更容易冷冻，也更容易用微波炉加热。

※ 即使一人居住，也建议一次性多做点儿。

电饭锅食谱 1

鸡腿肉经过电饭锅的加热，鲜美多汁。食材中的甜味和鲜味渗进米饭中，香味四溢。

主菜 糖醋鸡腿肉

配菜 牛蒡沙拉

主食 胡萝卜沙丁鱼拌饭

材料（1 人份） ※ 米饭量较多，剩下的用保鲜膜包好，冷冻保存。

- 鸡腿肉…250g（1 块）
- 盐…1/4 小勺
- 胡椒粉…少许
- 牛蒡…80g（1/2 根）
- 胡萝卜…80g（1/2 根）
- 大米…2 杯（300g）

A
- 水…（350ml）
- 盐…1/2 小勺

B
- 姜末…10g
- 酱油…1 大勺
- 白砂糖、醋…各 2 小勺

C
- 芝麻碎…1 大勺
- 蛋黄酱…2 大勺
- 味噌…1 小勺

- 番茄（小个）…1 个
- 豆苗…10g
- 沙丁鱼…15g

准备

1 大米淘洗干净后静置 30 分钟。

2 鸡腿肉去除多余脂肪，撒上盐和胡椒粉。牛蒡切成可以放进电饭锅的大小。胡萝卜去皮、去蒂［a］。

3 电饭锅中放入大米，倒入材料 A，摆放牛蒡和胡萝卜，鸡腿肉带皮一侧朝下，放在最上面［b］。

4 按下煮饭键。

a

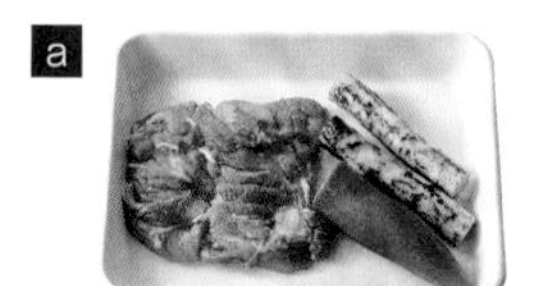

b

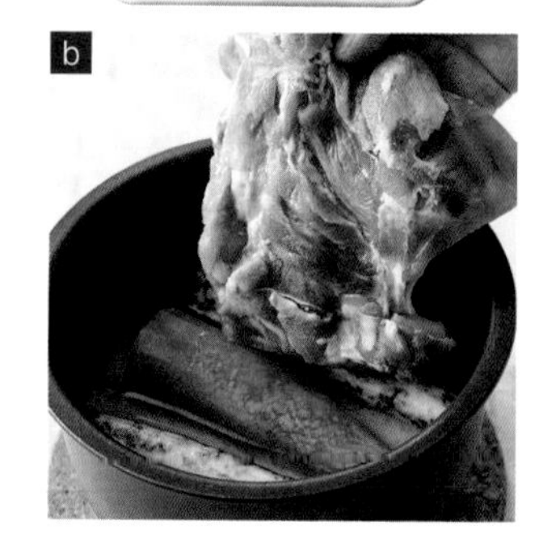

POINT

【用蔬菜搭起架子】

根茎类蔬菜不易熟，适合用电饭锅慢慢加热。因为不用担心根茎类食材被煮烂，所以可以把它们均匀地铺在下面，然后在上面放置肉类食材。

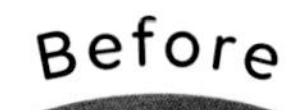

After

一整块鸡肉看上去真有食欲！

煮饭期间

1 将材料 B 混合均匀，做成淋在鸡肉上的酱汁［c］。

2 将材料 C 混合均匀，做成牛蒡沙拉的酱汁。

3 番茄切片。

完成

1 将所有食材从电饭锅中取出。

2 鸡肉切片，码放在盘子里的番茄片上。淋上酱汁 C，糖醋鸡腿肉完成。

3 待牛蒡稍稍冷却后斜切成薄片，倒入材料 C，和豆苗拌在一起［d］，牛蒡沙拉完成。

4 待胡萝卜稍稍冷却后切成 1cm 见方的小块，和沙丁鱼一起加入米饭中拌匀［e］，胡萝卜沙丁鱼拌饭完成。

更多变化

可以用鱼块代替鸡腿肉，用莲藕代替牛蒡

可以把主菜中的鸡腿肉变成鱼块，撒盐后放入电饭锅。菜谱中的牛蒡可以用口感类似的去皮莲藕替换。胡萝卜和小鱼丁搭配起来十分美味，一定要试试看。

糖醋鸡腿肉
胡萝卜沙丁鱼拌饭
牛蒡沙拉

电饭锅食谱 2

用电饭锅做鱼也十分简单便利。圣女果经过加热，鲜甜味倍增。

主菜 圣女果蒸鲑鱼

配菜 洋葱拌西葫芦

主食 咖喱饭

材料（1 人份） ※ 米饭量较多，剩下的用保鲜膜包好，冷冻保存。

- 鲑鱼（或旗鱼）…1 块（120g）
- 盐…1/3 小勺
- 胡椒粉…少许
- 圣女果…100g（10 ~ 12 颗）
- 西葫芦（小个）…120g（1 根）
- 大米…2 杯（300g）
- A
  - 水…350ml
  - 盐…1/2 小勺
- 洋葱…50g（1/4 个）
- B
  - 盐…1/3 小勺
  - 醋、橄榄油…各 2 小勺
- C
  - 番茄酱…1 大勺
  - 蒜泥…少许
- D
  - 芝士粉…2 大勺
  - 咖喱粉…1 小勺
- 葡萄干（根据个人喜好）…适量

准备

1 大米淘洗干净后静置 30 分钟。

2 在鲑鱼上撒盐和胡椒粉，圣女果去蒂，西葫芦横向一切为二 [a]。

3 电饭锅中放入大米和材料 A，将西葫芦和圣女果铺在大米上，鲑鱼放在最上面 [b]。

4 按下煮饭键。

a

b

POINT

【鲑鱼放在最上面】

先把西葫芦铺在中间，然后在四周放圣女果。鲑鱼容易煮烂，因此要摆在最上面。

Before

After

圣女果为菜肴增添色彩！

煮饭期间

洋葱切薄片，加入材料 B 拌匀 [c]。

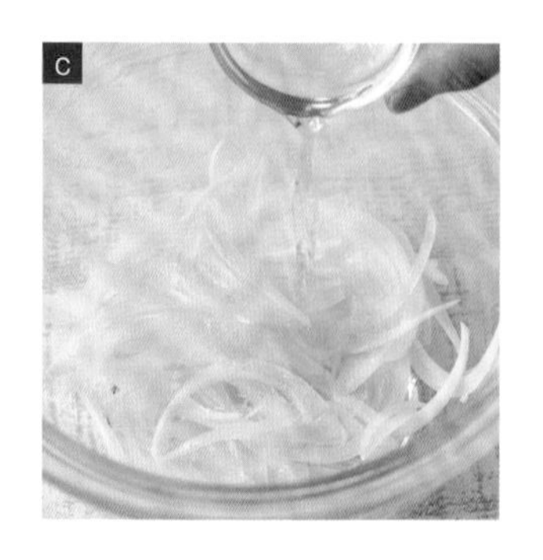

完成

1 将所有食材从电饭锅中取出。

2 圣女果压碎后加入材料 C 拌匀 [d]，盖在鲑鱼上，圣女果蒸鲑鱼完成。

3 在米饭里加入材料 D，搅拌均匀，咖喱饭完成。根据个人喜好加入葡萄干。

4 西葫芦放凉后切成 1cm 厚的片，和 [c] 的洋葱拌在一起 [e]，洋葱拌西葫芦完成。

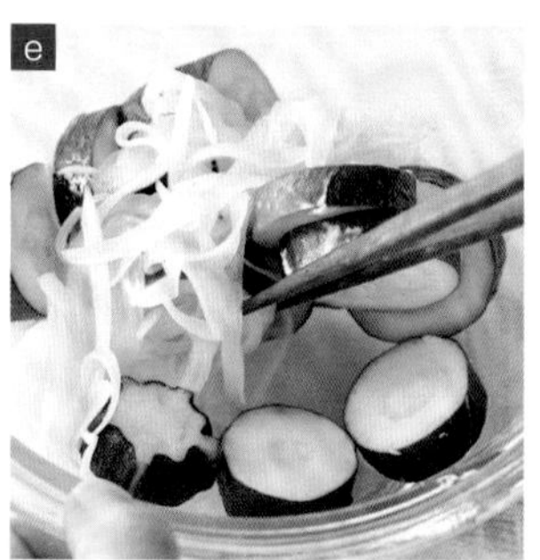

更多变化

圣女果和许多鱼类搭配都很合适，西葫芦也可以换成芹菜或圆白菜

主菜中的鲑鱼可以替换成同样适合与圣女果搭配的旗鱼或盐渍鳕鱼。此外，还可以把鱼肉换成鸡胸肉。配菜中的西葫芦可以换成芹菜或切成瓣的圆白菜。

咖喱饭
洋葱拌西葫芦
圣女果蒸鲑鱼

电饭锅食谱 3

肉和蔬菜的味道全部渗入米饭中，即使只使用简单的调味料，也令人回味无穷。电饭锅能让不易熟的南瓜口感变得绵软。

主菜 彩椒蘑菇鸡胸肉

配菜 南瓜沙拉

主食 裙带菜拌饭

材料（1人份） ※米饭量较多，剩下的用保鲜膜包好，冷冻保存。

- 鸡胸肉…200g（1小块）
- 盐…1/2小勺
- 胡椒粉…少许
- 南瓜…150g
- 口蘑…100g（1包）
- 大米…2杯（300g）
- A
  - 水…350ml
  - 盐…1/2小勺
- 红彩椒…50g（1/4个）
- B
  - 芝麻油、醋…各1大勺
  - 酱油、味醂…各1.5大勺
  - 辣椒粉…适量
- C
  - 蛋黄酱…3大勺
  - 白砂糖…1小勺
  - 混合坚果碎…20g
- 干裙带菜…1大勺
- 炒白芝麻…1小勺

准备

1 大米淘洗干净后静置30分钟。

2 鸡胸肉上撒盐和胡椒粉。南瓜去瓤，一切为二。口蘑分成小朵[a]。

3 电饭锅中放入大米和材料A，将南瓜和口蘑铺在大米上，鸡胸肉带皮一侧朝下，放在最上面[b]。

4 按下煮饭键。

a
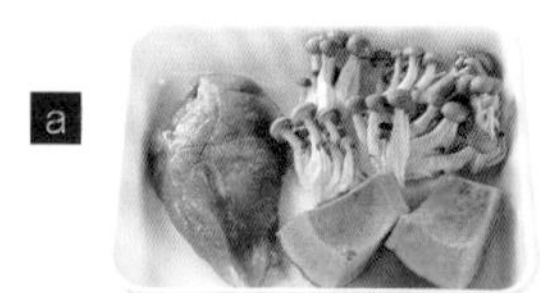

b
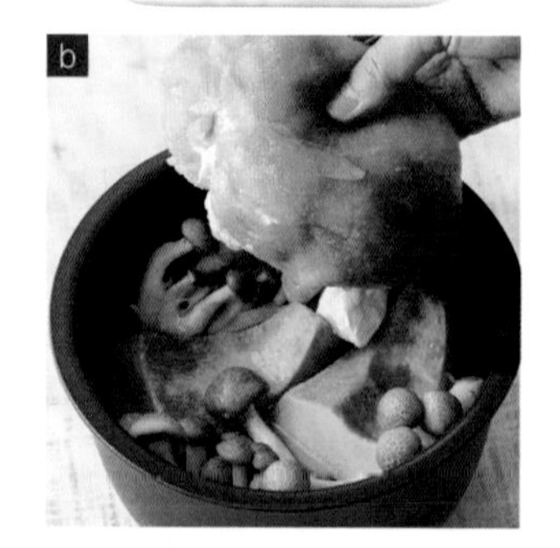

POINT

【无须过多加工坚硬的南瓜】

即使是坚硬且不易熟的南瓜，在电饭锅面前也无须另外加工。电饭锅煮饭过程中产生的高温蒸气能让南瓜口感绵软。

鸡肉和口蘑中会流出鲜美的汁水

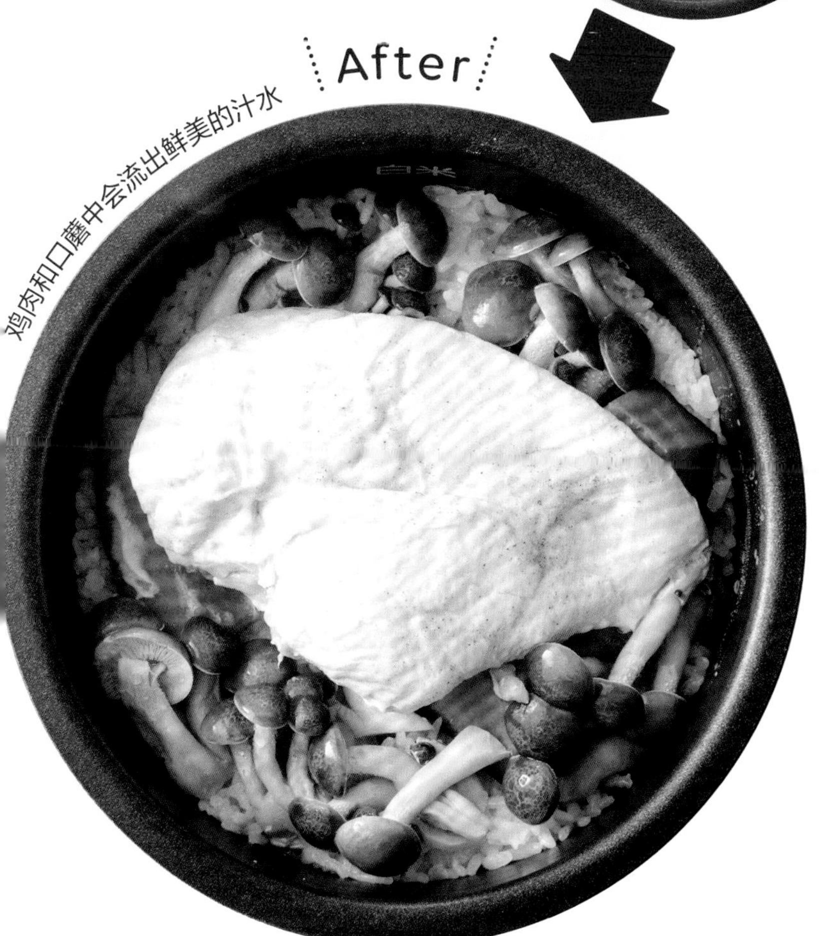

煮饭期间

将红彩椒和材料 B 混合均匀，制成彩椒蘑菇鸡胸肉的酱汁 [c]。

c

完成

1 将所有食材从电饭锅中取出。

2 鸡胸肉切成适口大小，和口蘑盛在一起，拌匀，淋上酱汁 [c]，彩椒蘑菇鸡胸肉完成。

3 米饭中加入泡发的裙带菜和炒白芝麻，搅拌均匀 [d]，裙带菜拌饭完成。

4 南瓜冷却后切成 2cm 见方的块，和材料 C 搅拌均匀 [e]，南瓜沙拉完成。

d

e

更多变化

鸡胸肉可以换成鸡腿肉或厚切猪里脊，南瓜可以换成红薯

主菜中的鸡胸肉可以换成鸡腿肉或炸猪排用的厚切猪里脊，口蘑可以换成金针菇或杏鲍菇，南瓜也可以换成切开的红薯。

南瓜沙拉
裙带菜拌饭
彩椒蘑菇鸡胸肉

电饭锅食谱 4

做青椒酿肉时要大胆使用整个青椒，土豆沙拉中加入少许咖喱是点睛之笔。

主菜 **青椒酿肉**

配菜 **土豆沙拉**

主食 **圣女果黄油拌饭**

材料（1 人份） ※ 米饭量较多，剩下的用保鲜膜包好，冷冻保存。

- 青椒…2 个
- A
  - 混合肉馅…100g
  - 盐…1/4 小勺
  - 洋葱末…50g
  - 番茄酱…1 大勺
  - 面粉、蒜泥…各 1 小勺
- 土豆（小个）…100 ~ 150g（1 个）
- 圣女果…60g（6 ~ 8 颗）
- 大米…2 杯（300g）
- B
  - 水…350ml
  - 盐…1/2 小勺
- 黄瓜…50g（1/2 根）
- C
  - 蛋黄酱…3 大勺
  - 咖喱粉…1/2 小勺
- 黄油…10g
- 粗粒芥末酱…适量

准备

1 大米淘洗干净后静置 30 分钟。

2 青椒去蒂后开一个口，把材料 A 混合后平均塞进 2 个青椒里。

3 土豆洗净后连皮一起切成 6 等份，圣女果去蒂 [a]。

4 电饭锅中放入大米和材料 B，将青椒、土豆和圣女果平铺在大米上 [b]，按下煮饭键。

a

b

POINT

【用电饭锅制作出完整的青椒酿肉】

平常我们看到的青椒酿肉往往是纵向一分为二的，但由于电饭锅加热时间长、温度高，用电饭锅做青椒酿肉时可以大胆地制作一整个青椒。

After

青椒酿肉带来很强的视觉冲击力

煮饭期间

将用在土豆沙拉里的黄瓜切成8mm见方的小块。

完成

1 将圣女果和米饭之外的其他食材从电饭锅里取出。

2 在米饭里加入黄油，一边压碎圣女果一边搅拌均匀，圣女果黄油拌饭完成[c]。

3 用叉子压碎土豆，和黄瓜混合后加入材料C，搅拌均匀，土豆沙拉完成[d]。

4 直接把青椒酿肉盛出，配上粗粒芥末酱。

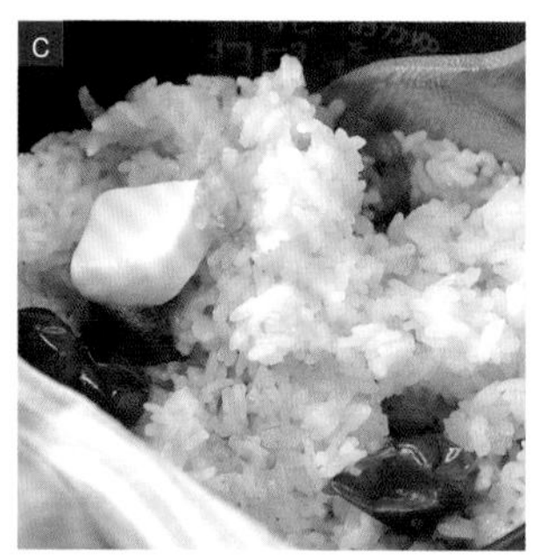

c

d

更多变化

土豆沙拉可以换成红薯沙拉或南瓜沙拉

土豆换成红薯或南瓜，做出的沙拉甜味更浓。红薯和南瓜比土豆更易熟，因此可以切成较大块制作。

土豆沙拉
圣女果黄油拌饭
青椒酿肉

专栏 7

解决制作便当的烦恼

打败3分钟热度

为你解决"准备工作好麻烦""便当被颠得一塌糊涂"等烦恼。这样才能长久地坚持下去。

烦恼

1

早上时间太紧张，来不及做便当

【解决方法】想要在忙碌的早上抽时间做便当，确实难度不小。实在来不及的话就不用便当盒，直接把饭团、鸡蛋和煮好的蔬菜分别用保鲜膜包起来带走。形式不重要，最重要的是坚持从家里自带食物。

烦恼

2

便当里的菜被颠得一塌糊涂

【解决方法】最基本的就是要把米饭和菜分开放。菜品装盒之前一定要把汤汁和油分沥干。最重要的是，一定要等菜品充分冷却后再装盒。还可以充分利用便当分隔板等小工具。

烦恼

3

要做好几样料理，好麻烦

【解决方法】推荐制作盖饭类便当。可以在盛好的米饭上撒上撕碎的海苔，或者加个荷包蛋，这都是让盖饭更加丰盛的简单小技巧。

烦恼

4

我做的便当看起来太朴素了

【解决方法】便当盒子能让里面的料理看起来更高级。木制或竹制的饭盒比塑料饭盒看起来更高级。在米饭上撒些海苔碎、白芝麻，或放颗梅干，都能让便当看起来更好看。

专栏 8

专业摄影师教你拍美食

想用手机拍摄自己亲手做的料理，却怎么也拍不好看。下面就与你分享美食照片拍摄宝典。

POINT 1

不必露出完整的餐具

拍摄时不必把整盘菜完整地放在画面正中央，那样拍出的照片总像是料理书里的说明图片。正确的拍摄方法是，把菜品放在画面一侧，只选择菜品的主要部分拍摄。这样一来，画面另一侧会产生留白，也就形成了较为稳定的构图。

POINT

2

不要移动镜头，利用变焦放大

菜品在画面里越近，看起来就越美味。但是由于镜头自身特性，直接把镜头向菜品靠近时画面容易产生形变。因此建议直接使用变焦放大。

POINT

3

有一定高度的食物从侧面拍摄，扁平的食物从正上方拍摄

米饭或沙拉等装在碗里的食物有一定高度，牛排或煎鱼等装在盘子里的食物则呈扁平状。有一定高度的食物从正上方拍摄会没有层次感，因此，有高度的食物从侧面拍摄，扁平的食物从正上方拍摄，看起来会更加美味。

图书在版编目（CIP）数据

新手下厨房一本就够 /（日）小田真规子著；洪果译. —
北京：中国轻工业出版社，2021.1
ISBN 978-7-5184-3223-3

Ⅰ. ①新… Ⅱ. ①小… ②洪… Ⅲ. ①烹饪—方法—图
解 Ⅳ. ①TS972.11-64

中国版本图书馆 CIP 数据核字（2020）第 193571 号

责任编辑：胡 佳　　责任终审：张乃柬　　整体设计：锋尚设计
责任校对：晋 洁　　责任监印：张京华

出版发行：中国轻工业出版社（北京东长安街6号，邮编：100740）
印　　刷：北京博海升彩色印刷有限公司
经　　销：各地新华书店
版　　次：2021年1月第1版第1次印刷
开　　本：880×1230　1/32　印张：5
字　　数：200千字
书　　号：ISBN 978-7-5184-3223-3　定价：48.00元
邮购电话：010-65241695
发行电话：010-85119835　传真：85113293
网　　址：http://www.chlip.com.cn
Email：club@chlip.com.cn
如发现图书残缺请与我社邮购联系调换
200351S1X101ZYW